U0312644

蓝色海洋

海底地震

周超君　编写

吉林出版集团股份有限公司

图书在版编目（CIP）数据

海底地震 / 周超君编写. —— 长春：吉林出版
集团股份有限公司，2013.9
（蓝色海洋）
ISBN 978-7-5534-3320-2

Ⅰ．①海… Ⅱ．①周… Ⅲ．①海底－地震－青年读物
②海底－地震－少年读物 Ⅳ．①P738.4-49

中国版本图书馆CIP数据核字(2013)第227236号

海底地震
HAIDI DIZHEN

编　　写	周超君	
策　　划	刘　野	
责任编辑	宋巧玲	
封面设计	艺　石	
开　　本	710mm×1000mm	1/16
字　　数	75千	
印　　张	9.5	
定　　价	32.00元	
版　　次	2014年3月第1版	
印　　次	2018年5月第4次印刷	
印　　刷	黄冈市新华印刷股份有限公司	

出　　版	吉林出版集团股份有限公司
发　　行	吉林出版集团股份有限公司
地　　址	长春市人民大街4646号
	邮编：130021
电　　话	总编办：0431-88029858
	发行科：0431-88029836
邮　　箱	SXWH00110@163.com
书　　号	ISBN 978-7-5534-3320-2

前 言▮

　　远观地球，海洋像一团团浓重的深蓝均匀地镶涂在地球上，成为地球上最显眼的色彩，也是地球上最美的风景。近观大海，它携一层层白浪花从远方涌来，又延伸至我们望不见的地方。海洋承载了人类太多的幻想，这些幻想也不断地激发着人类对海洋的认知和探索。

　　无数的人向着海洋奔来，不忍只带着美好的记忆离去。从海洋吹来的柔软清风，浪花拍打礁石的声响，盘旋飞翔的海鸟，使人们的脚步停驻在这片开阔的地方。他们在海边定居，尽情享受大自然的馈赠。如今，在延绵的海岸线上，矗立着数不清的大小城市。这些城市如镶嵌在海岸的明珠，装点着蓝色海洋的周边。生活在海边的人们，更在世世代代的繁衍中，产生了对海洋的敬畏和崇拜。从古至今的墨客在此也留下了他们被激发的灵感，在他们的笔下，有美人鱼的美丽传说，有饱含智慧的渔夫形象，有"洪波涌起"的磅礴气魄……这些信仰、神话、诗词、童话成为人类精神文明的重要载体之一。

　　为了能在海洋里走得更深、更远，人们不断地更新航海、潜水技术，从近海到远海，从赤道到南北两极，从海洋表面到深不可测的海底，都布满了科学家和海洋爱好者的足印。在海底之旅的探寻中，人们还发现了另一个多姿的神秘世界。那里和陆地一样，有一望无际的平原，有高耸挺拔的海山，有绵延万里的海岭，有深邃壮观的海沟。正如陆地上生活着人类一样，那里也生活着数百万种美丽的海洋生物，有可以与一辆火车头的力量相匹敌的蓝色巨鲸，有聪明灵活的海狮，有古老顽强的海龟，还有四季盛开的海菊花……它们在海里游弋，有的放出炫目的光彩，有的发出奇怪的声音。为了生存，它们运用自己的本能与智慧在海洋中上演着一幕幕生活剧。

除了对海洋的探索，人类还致力于对海洋的利用与开发。人们利用海洋创造出更多的活动空间，将太平洋西岸的物质顺利地运输到太平洋东岸。随着人类科技的发展，海洋深处各种能源与矿物也被利用起来以促进经济和社会的发展。这些物质的开发与利用也使得海洋深入到我们的日常生活中，不论是装饰品、药物、天然气，还是其他生活用品，我们总能在周围找到有关海洋的点滴。

然而，海洋在和人类的相处中，也并不完全是被动的，它也有着自己的脾气和性格。不管人们对海洋的感情如何，海洋地震、海洋火山、海啸、风暴潮等这些对人类造成极大破坏力的海洋运动仍然会时不时地发生。因此，人们在不断的经验积累和智慧运用中，正逐步走向与海洋更为和谐的关系中，而海洋中更多神秘而未知的部分，也正等待着人类去探索。

如果你是一个资深的海洋爱好者，那么这套书一定能让你对海洋有更多更深的了解。如果你还不了解海洋，那么，从拿起这套书开始，你将会慢慢爱上这个神秘而辽阔的未知世界。如果你是一个在此之前从未接触过海洋的读者，这套书一定会让你从现在开始逐步成长为一名海洋通。

🌀 地壳运动的音符

🌀 海底地震灾难纪

🌀 人类利用地震波

🌀 海底地震的影响

🌀 海底地震之预警观测

🌀 假如海底地震来袭

地壳运动的音符

地球有着46亿年的悠久历史，最早地球是何种面貌我们已无从得知。在它漫长的历史过程中，其形态经历了多轮的转变。在这些转变中，地壳运动的作用不容忽视。它像一双大手，不断地塑造着地球的形态。作为这一运动过程中迸发的音符，海底地震并不仅仅是地质灾害这么狭隘，它是推动地球发展不可缺少的一股力量。

据统计可知，全球有80%的地震都集中在海底，特别是太平洋周围地区平均深度在4000米以上、终年黑暗的海沟里以及附近的深海中。这些地震每年在我们居住的周围释放出相当于10万颗原子弹爆炸产生的能量，造成极大的破坏。因此了解海底地震，对我们而言是一项迫不及待的任务。

地壳的形成

众所周知，地球的形状是椭圆形，半径为6370多千米，从表面向地心可以分为地壳、地幔和地核三个部分。而地壳又是地球的最表层，由于地球表面有陆地和海洋，因此又有大陆地壳和大洋地壳之分。大陆地壳的分布地区是在大陆及其向海洋延伸的部分，而大洋地壳的位置自然离不开大洋，则是在大洋盆或深海盆。那么，再深想一下地壳是如何形成的呢？我们将时针飞速地往回拨动，回到诞生之初的地球。

地球的形成离不开太阳系中大大小小的星云团集聚，科学界一般认为在约46亿年前，地球就已经与现在十分相似了。当然，那时候的地球还只是许多微星的集合体，叫"原地球"。原地球受到引力收缩和内部放射性元素衰变产生的热的作用，不断受热，温度不断升高，而温度的升高使得原地球内部的铁、镍等元素不断地熔融，而这些熔融的元素又会向地心集中。接着，这些集中的元素形成了地球的地核、地幔和地壳。之后，地球在原始的熔融状态下，受到重力分异的作用，较轻的硅铝物质与较重的镁铁物质发生分离，硅铝物质经过多次反复的熔融、上浮、冷却，逐渐由分散状态变为聚合状态，形成了一定规模的原始大陆地壳物质。它们在长期演化历史中又形成了早期比较稳定的陆壳区块。随后在距今17亿年左右，地球经历了一次最有推进意义的稳定大陆形成事件。

稳定的大陆地壳的形成时间是比较短暂的，此时的大陆已经基本上接近了它现在的规模。但形成的原地台还比较薄弱，没有达到真正的稳定效果。从此之后到距今14亿年左右，原地台曾多次被来自地球内部的力量打碎，又不断被下面涌上来的岩浆物质所胶结，变得越来越厚，也越来越稳定，最终形成厚实的大陆地壳。整个大陆地壳平均厚度约为35千米。平原、盆地地壳相对较薄，高山、高原地区地壳最厚。大陆地壳的上层又称"硅铝层""花岗岩层"，主要由富含各类铝硅酸盐矿物的酸性岩浆岩（花岗岩）和变质岩（片麻岩）等组成，而下层又称"硅镁层""玄武岩层"，主要由富含各类铝、铁、镁硅酸盐矿物的基性岩浆岩（玄武岩）等组成。相比陆壳，洋壳较年轻，一般不超过2亿年。洋壳的形成是地质科学家们仍未完全破解的一个难题，一般认为，是由地幔岩浆上涌形成的，并且洋壳在不断地新生与消亡。与大陆地壳相比，大洋地壳要薄一些，厚度一般不足10千米。大

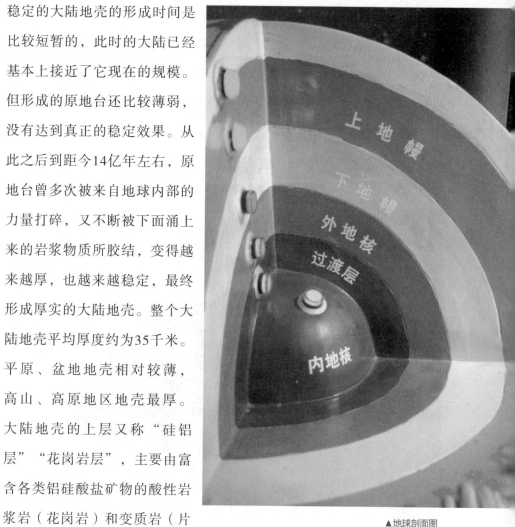

▲地球剖面图

洋地壳一般分为三层，从下而上，最底层的构成元素是坚实的辉长岩和橄榄岩，厚度为4~5.5千米。到了中间层，则是海洋沉积岩和火山玄武岩，厚度为0.5~2千米。玄武岩由于是海底火山喷发而形成的，所以往往呈枕头状分布。最上层为深海沉积软泥，厚度约为2千米，局部有多金属结核。地壳从出现到形成，每时每刻都在运动，这种运动能够引起地壳结构不断的变化，而海底地震是人们直接感到的地壳运动的反映。

▲玄武岩

海底地震的成因

针对地球大陆的演变，每个时代的人们都做出了不同的科学探索。人们感慨沧海桑田的时候，在思考着这样一个问题：到底是怎么样的一种力量在主宰着这样巨大的改变呢？这改变又是怎么进行的呢？而这两个问题，也构成了地震学科中的一个重大课题——地震成因。

目前得到广泛认可的理论有大陆漂移学说、海底扩张学说、板块构造学说。其中板块构造学说是大陆漂移、海底扩张等学说的综合与延伸，它虽不能解决海底地震的所有问题，却为地震成因的理论研究打开了新的思路，成为地质学家们研究的一个方向。

（1）古代的地震成因探索。

中国古代对海底地震这一特殊灾害，流传着这样一个传说：我们所在的大地由海底的一只大鳌驮着。大鳌驮着大地时间久了就要翻一翻身，它翻身时大海就抖动起来，地震就发生了。《国语·周语》记载："幽王二年，西周三川皆震。伯阳父曰：'周将亡矣！夫天地之气，不失其序，若过其序，民乱之也。阳伏而不能出，阴迫而不能烝，于是有地震。'"这里把地震的发生归咎于天地阴阳的失调。春秋时齐国的晏婴认为地震与行星运动有关，庄子认为海水周而复始的波浪运动引起地震，"海水三岁一周，流水相薄，故地动"。之后，司马迁、董仲舒、王充、张衡等人对地震成因做了进一步的探讨，但多将地震与政治联系在一起。其中，张衡发明了候风地动仪，他在《阳嘉二年京师地震对策》一文中阐述了京师闹地震的原因。张衡认为地震时之所以会出现雷电怒作的情形，是由于"贡举"的诸多弊端造成人间变化无常，从而有了"奔雷、土裂之异"，并提出人们只有做到秉公无私，才可以消灾免祸。在唐代，据史料记载，由于地震频繁，还常引起负责燮理阴阳的宰相有让贤之举。

在国外，也有很多关于地震成因的传说。大约在12世纪，日本古历书上也有所谓"地震虫"的描述，认为大鲶鱼卧伏在地底下，背负着日本的国土，如果鲶鱼发怒，便会将尾巴和鳍动一动，这就造成了地震。古代印度人则认为引起地震的是地下的那只大象在发怒。在南美，流传着支撑世界的巨人身体一动，引起地震的说法。在古希腊神话中，海神波塞冬就是地震的神，波塞冬经常手持三叉戟，当他愤怒时海底就会出现怪物，他挥动三叉戟就能引起海啸和地震。

▲张衡候风地动仪

随着现代科学技术的不断发展，人们开始更加理性地认识海底地震。古希腊的伊壁鸠鲁认为：由于风被封闭在地壳内，使地壳分成小块不停地运动，从而引起地震。虽然这种说法在现代看来不够科学，但是也是一种思想上的进步。而亚里士多德则认为地震是由突然出现的地下风和地下灼热的易燃物体造成的。随着人们思想的不断进步，古罗马哲学家卢克莱修在伊壁鸠鲁的观点上进行了扩展，提出了"风成说"。他认为在大地某一个地方存在一个巨大的空洞，来自外界或大地本身的风或空气的某种强大力量，突然进入这个巨大的空洞中，先是轻微地作用引起旋风，然后将由此产生的力量喷出外界，这股力量使得大地出现深的裂缝，形成巨大的龟裂，这便是地震。

（2）海底地震成因假说。

20世纪，科学家们开始从地震波着手研究地震成因，这也是科学界的一大进步，从而掀开了地震科学乃至整个地球科学新的一页。科学家们相继提出了三个比较有影响的假说：一是在1911年的时候，理德提出的"弹性回跳说"；二是在1955年，由日本的松泽武雄提出的"岩浆冲击说"；三是美国学者布里奇曼提出的"相变说"。

"弹性回跳说"是出现最早、应用最广的地震成因的假说，是根据1906年美国旧金山大地震时圣安德列斯断层产生水平移动而提出的。假说认为岩石本身具有弹性，地震的发生是由于地壳中岩石发生了断裂错动，而岩石在断裂发生时有变形的现象，在断裂时产生的力量消失之后，岩石便会向相反的方向整体地回弹，从而便会恢复到没有变形前的状态。这种弹跳能够产生惊人的速度和力量，并且会在瞬间将长期积蓄的能量释放出来，因而便发生了地震。这一假说有其可取之处，那就是它能够较好地解释浅源地震的成因，但对于中、深源地震则解释不了，这也是这一理论存在的缺憾。因为在地下相当深的地方，岩石已具有塑性，不可能会有因弹性而回跳的现象发生。

▲火山熔岩遗迹

　　"岩浆冲击说"认为地震是由于岩浆向地壳中的薄弱部位不断地冲击，促使地壳出现破裂和发生运动的现象。这种对薄弱部位的冲击可以是多样的，如火山岩浆的注入、空隙流体压力的增高等均能引起地震。"岩浆冲击说"还认为深源地震并不一定伴有断层现象的产生，它可以由岩浆流动引起，这对解释火山地震和深源地震来说具有一定意义。

　　"相变说"则认为受到一定的温度和压力的作用，岩石会发生密度和体积的剧烈快速变化，从而对周围的岩石产生巨大的压力或张力，最终便会产生地震。

　　这三种假说都有一定的合理性和可取性，但地震之谜仍然需要科学家们继续研究，毕竟其没有完全被解开。在1965年的时候，科学家们运用计算机从而使地球各个大陆以现有的形状拼合，发现海底地形、地震位置、火山等活跃部位都连接成为带状，并结合磁场学、古生物学、地质学、物理学和天文学等多学科论证，1970年后，"板块构造学说"正式确立。

（3）板块构造学说。

板块构造学说理论经过了一个漫长的孕育和论证时间。早在1620年英国人法兰西斯·培根就提出了西半球曾经与欧洲、非洲连接的可能性，此理论为以后板块构造学说的形成起到了很好的促进作用。1668年，法国普拉赛则认为在大洪水之前，美洲与地球的其他部分是连在一起的，并不是像今天所呈现的独立的局面。到了19世纪末，奥地利地质学家修斯注意到南半球各大陆上的岩层非常一致，因而将它们称之为"冈瓦纳古陆"。再到1910年的时候，德国地球物理学家、气象学家阿尔弗雷德·魏格纳提出了疑问：为什么位于大西洋两岸的南美大陆和非洲大陆的海岸线的形状如

▲地壳挤压现象

此相似？针对这个疑问，阿尔弗雷德·魏格纳不断探究，于1912年正式提出了大陆漂移学说。

大陆漂移说认为大约在3亿年前，我们今天所看到的亚欧大陆、南北美洲大陆、非洲大陆、南极大陆等统统属于一块"超级大陆"，它们是连在一起的。后来受到各种因素的影响，这块"超级大陆"慢慢地分裂为若干块大陆，较轻硅铝质的大陆块漂浮在较重的黏性的硅镁层之上。魏格纳假说列举"极地漂移力"和"潮汐力"拉住大陆漂移，经过漫长岁月的演变，形成了今天我们所见的大陆位置关系。

然而，在1915年出版的魏格纳的著作《大陆和海洋的起源》并没有被人接受，很多地球物理学家都对这本书抱着不屑的态度，他们的反对论据是没有发现一种原动力能让大陆在水平方向移动几千千米。以至到20世纪40年代的时候，人们已经将"大陆漂移说"理论抛诸脑后了。

随着"大陆漂移说"逐渐地被遗忘，20世纪50年代的时候，战争促使了科技的发展，在第二次世界大战中开发的新技术被广泛用于海洋观测中，比如采用声呐装置来观测海底地形地貌，利用海洋磁场仪探测海底磁场异常情况等。通过这些高科技的探测，科学家认识到海底并非平坦，而是存在着巨大的海底山脉。这些海底山脉彼此相连，山脉深处似乎正在喷涌着热物质。人们还利用一种更为高级的仪器测试出了海底岩石的年龄，发现海底岩石的年龄很轻，一般不超过2亿年，而且离海岭（又叫大洋中脊）愈近的地方，岩石年龄愈年轻，离海岭愈远，岩石年龄愈老，而且在海岭两侧呈对称分布，以上的发现促使了新的理论的诞生。

在1962年的时候，美国科学家赫斯教授提出了"海底扩张学说"。这一学说指出海岭是新的大洋地壳诞生处。地幔的厚度达到2900千米，是由硅镁物质组成的，这一部分占地球质量的68.1%。因为地幔温度很高，压力也比较大，这些物质在内部像巨浪一样不断翻滚，从而产生了对流，最终形成了强大的动能，软流圈内的物质因此会不断上涌、喷出、冷凝固结。随着这个作用的不断进行，新的洋壳形成了。新洋壳不断把老洋壳向两侧推移扩张出去，从而使洋底不断新生和更新。

由于洋壳不断向外推移，其边缘海沟岛弧一线扩张受阻碍，于是洋壳向大陆地壳下面俯冲，重新钻入地幔之中，最终被地幔吸收。这样，洋壳边缘就会出现很深的海沟。在强大的挤压力作用下，海沟向大陆一侧发生顶翘，形成岛弧，海底由此达到新生和消亡的消长平衡，因此洋底地壳的更新频率是2亿~3亿年。

"海底扩张说"一经提出很快在古磁场学领域得到了印证。1963年，

▼岩层

岩礁

瓦因和马修斯分析地磁场极性的周期性倒转现象时，发现洋中脊区的磁异常呈条带状，正负相间平行于中脊两侧，对称向外延伸，其顺序竟然与地磁转向年表是保持一致的。这一发现证明了一个理论，即洋底是从洋中脊向外扩展而成的。在1965年的时候，威尔逊提出了转换断层的概念，从而证明了岩石圈板块是可能出现水平位移的。这一发现阐明了新生洋壳和海沟带之间存在着一种消减关系，而这种消减关系又是平衡的。

由于以上科学的发现和论证，1965年，科学家们才提出了这个当代地球科学中最有影响的板块构造学说。板块构造又称为"全球大地构造"，在1968年的时候，法国地质学家勒皮雄将全球地壳划分为六大板块，分别是非洲板块、美洲板块、亚欧板块、太平洋板块、印度洋板块（包括澳洲）和南极洲板块。六大板块中有一个特殊的板块，那就是太平洋板块，因为它是唯一一个几乎全为海洋的板块，其余五个板块既包括大陆又包括海洋。同时，在大的板块中还可以细分，从而分化出很多个小板块，就拿美洲大板块作为例子，可以将其分为南、北美洲两个板块。菲律宾、阿拉伯半岛、土耳其等也可以作为独立的小板块。板块构造学说认为，地球的各个岩石板块一直都在移动，速度相当惊人，每年移动1~10厘米，但这种水平运动的过程是发生在整个地幔软流层上，并不像大陆漂移说所设想的发生在硅铝层和硅镁层之间。这种移动像传送带，大陆只是传送带上搭乘的乘客。

板块与板块之间的关系可以分为三种状态：第一为彼此接近的汇聚型板块边界；第二为彼此远离的分离型板块边界；第三为彼此交错的转换型板块边界。地球表面活动以及地貌形成都是在这三种状态下集中发生的。板块本身不会变形，但在板块活动中，将形成诸多海底地貌。比如海岭是在分离型板块边界下形成的，海沟则是在海洋板块彼此发生碰撞、一个板块俯冲至另一板块下方的汇聚型板块边界下形成的而沿着北美大陆西海岸分布的圣安德列斯断层是在太平洋板块和北美大陆板块之间的转换型板块边界下形成的。

那么，究竟是怎样巨大的力量驱使着地球各大板块移动呢？这样的力量又来自何方？按照赫斯的海底扩张说来解释，这种力量来源于大洋中脊地幔的对流。虽然关于这一板块移动驱动力的说法一直都存在争议，但地幔物质的对流是大众普遍接受的一个说法。

板块构造学说的提出使许多被视为不解之谜的地球活动得到了解释，虽然它还不能解释所有的地球活动，而且导致板块运动的地幔深处的活动还需要进一步的观测和研究，但岩石圈板块边界的相对运动和相互作用是导致海底地震的主要原因，而海底地震分布规律和发生机制的研究是板块构造理论的重要支柱是毋庸置疑的。

海底地震发生环境

顾名思义，海底地震发生在海底。可问题的关键是，如此广阔幽深的海洋，我们无法亲见其真面目，所以，我们不得不借助科学技术了解海底究竟是什么样子。

在太空中观看地球，地球是一个美丽的蔚蓝色星球。地球表面积是5.1亿平方千米，其中海洋面积为3.61亿平方千米，约占了总面积的71%；陆地面积仅有1.49亿平方千米，约占总面积的29%。因为海洋面积十分广大，所以无论如何将地球划分为两个半球，我们所看到的半个地球上总是海洋的面积大于陆地的面积。

遥远的古代，由于科技水平的限制，人类还没有掌握先进的观测仪器以及航海工具，因此世界各国对于大陆和海洋关系的说法和观点都不同，例如中国的"天圆地方说"、西方的"地心说"等。之后随着社

▲广阔的海洋

会文明的进步，人类逐渐掌握了地球是球形的理论，对于海洋的观测和研究也取得了很大的发展。15—17世纪，人类对于海洋的认识进入了飞速发展的时期。在这一时期，人们探索了由欧洲通往印度的新航路，发现了新的大陆，编绘了世界地图，开展了航海探险活动。这一切，使人类对海洋的认识有了飞跃发展。然而，大洋的最深处究竟是什么样子，

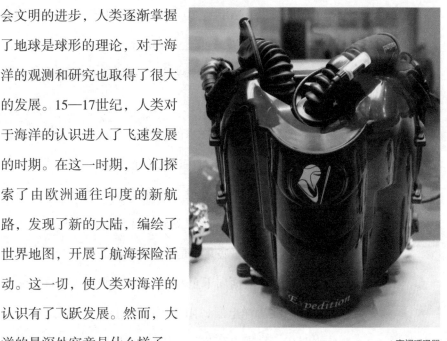

▲密闭呼吸器

人们却还不清楚。因为到大洋洋底去探险，不仅花费巨大，而且以人们当时的科技水平，有着太多无法克服的难题。

如果没有氧气筒的帮助，人类无法长时间待在3米以下的水里。随着深度的增加，压力也在不断加大，人的内耳、肺部和一些孔道就会感到无法承受的强大压力，加之水下温度低，会很快消耗人体的热量，使人难以在3米以下的水里坚持超过3分钟。而对平均深度达到3700米的海洋来说，3米这个数字实在是太微不足道了，海底世界的神秘面纱始终没有被完全揭开过。伴随着这种未知的是人类潜水技术的不断提高。在1819年的时候，英国人首先发明了通风式的潜水装置。紧接着到了1866年，法国人设计了自携式轻潜水装具的供气调节器，后来经过研制，又发明出自携式轻潜水装具。到了1953年无人潜水器研制成功后，人类的海底探索技术便有

了质的飞跃。20世纪70年代中期无脐带无人潜水器开始发展，其下潜深度已达7600米左右。70年代后期人们开始研制"海洋机器人"，它能代替潜水人员进行更多的潜水作业。

随着人类潜水技术的提升，人们对海洋深处的认识也逐步展开。人类在进入海底之前，一直认为海底世界是一个没有阳光没有生命的死亡地带，但是当人类通过技术手段真正观测到海底世界的模样时，才发现原来深深的海底并不是生命的禁区。

从海洋表面向下至200米左右的水层，被称作海洋上层。在海洋上层，阳光可以透过海水照射进来，海水明亮，呈现出蔚蓝色。从200米到1000米的水层，称作海洋中层。在海洋中层，因为阳光不能全部照射到这一层，因此光线十分微弱，海水呈现出灰蓝色。从1000米到4000米的水层，叫作半深海层，那是一片漆黑的世界，丝毫察觉不到阳光的存在。4000米以下为深海层。在深海层，黑暗并不代表死寂，相反，丰富的海底生物、复杂多变的海底地貌以及丝毫不逊色于陆地活跃程度的地质运动都昭示着这里并不是一个平静的世界。

1960年1月14日上午8时23分，北纬11°20′，东经142°11′的太平洋海面上，来自美国海军的研究人员正在紧张地工作着。他们的任务是要探测地球上最深的海底——马里亚纳海沟。马里亚纳海沟的位置是值得关注的，它位于菲律宾东北、马里亚纳群岛附近的太平洋底。这条海沟有着将近6000万年的历史，是太平洋西部洋底一系列海沟的一部分。马里亚纳海沟北起硫黄列岛，向西南延伸至雅浦岛附近，其北边有阿留申、千岛、日本、小笠原等海沟，南侧有新不列颠和新赫布里底等海沟，全长2550千米，弧形，平均宽度可达70千米，大部分水深在8000米以上，最大水深在斐查兹海渊，为11 034米，是地球的最深点。地理学家曾比喻，如果把世界上最高峰珠穆朗玛峰放在马里亚纳海沟，峰顶将不能露出水面。最终，来自瑞士的深海探险家雅克·皮卡德和美国海军军官沃尔什，乘深海潜水船"迪里雅斯特"号成功下潜到马里亚纳海沟的底部待了整整20分钟，人类至此才第一次看到地球上海底的样子。

海底是一个高压、漆黑和冰冷的世界，温度通常只能达到2℃。在这个神秘的海底世界里，有着高达11万千帕的巨大水压，即相当于我们人类手指甲大小的面积上，时刻都在承受着1000千克的压力，这个压力可以把最坚固的坦克压扁。

▲海沟悬崖

在这个漆黑冰冷的世界里，沟壑、平原、高山、岩洞，所有在陆地上可以看到的地貌，在海底都同样存在着。如今，依赖先进的探测技术以及卫星遥感技术，世界各大洋海底的地貌图已经基本绘制完毕。横亘大洋的海底山脉，其地形复杂之程度，令人咋舌。

印度洋周围拥有广阔的浅海区域，大陆架面积可达230万平方千米，约占印度洋总面积的4.1%。印度洋大陆架普遍比较狭窄，只是在特定的位置才会显得稍宽一些，比如波斯湾、马六甲海峡、澳大利亚北部、马来半岛西部和印度半岛西部边缘地区。印度洋大陆坡也不够宽，但也有大陆隆起以及水下冲积锥。在这一地区，主要有非洲沿岸的厄加勒斯海台、莫桑比克海台、查戈斯拉克代夫海台等大陆隆起地形。水下冲积锥主要分布在恒河和印度河入海口附近地区。此外，印度洋底还有一个岛弧海沟带，其

▼马六甲海峡

中长4500千米、深达7729米的爪哇海沟是印度洋的最深点。印度洋海底中部分布着中央海岭，把印度洋分为东部、西部和南部三大海域。中央海岭是由印度—阿拉伯海岭、中印度洋海岭、西印度洋海岭和南极—澳大利亚海丘组成的，四者在罗德里格斯岛交会。中印度洋海岭是中央海岭的北部分支，西印度洋海岭是中央海岭的西南分支，南极—澳大利亚海丘是中央海岭的东南分支。

太平洋海底的地形起伏较大。太平洋中部有一条略呈西北东南走向的海底山脉，北边起于堪察加半岛，中间经过美丽的夏威夷群岛、莱恩群岛至土阿莫土群岛，绵延1万多千米，从而完美地把太平洋分成东、西两部分。东边多海盆、高原和海台等。西边除了海盆之外，还有一片繁星般分散的海底高山。这些海底高山有的沉没在深海中，有的耸立于海面之上从而形成岛屿。众所周知的夏威夷岛，其实就是中太平洋海底山脉中的一些山峰。它们的基部是深5000多米的海洋世界，加上岛上的主峰高出海面4270米，绝对高度可以达到9270多米，超过了陆地上最高的山峰珠穆朗玛峰。在太平洋东部有一条大洋中脊，弧形，北边从阿留申海盆开始，中间经过阿拉斯加湾、加利福尼亚湾、加拉帕戈斯群岛，与东太平洋海区紧密相连，再向西与印度洋中脊相接。太平洋西部是大陆架地区，也是最深的地方。在这个地区，有一系列庞大的海沟带和岛弧，世界上最深的马里亚纳海沟就分布在这里。

大西洋同太平洋相比，洋底的地形比较复杂。大西洋海岭和洋底高地分割了海底，在其东西两侧各形成了一系列深海海盆。这些海盆的深度一般都在5000米左右，中央部位比较宽广平坦，在盆地中堆积有大量的深海软泥。这些海盆中有几条不平且突起的岭脉，它们有的在水面上出露便形成了岛屿，如马德拉群岛、佛得角群岛等。在大西洋的中部有一条纵贯南北，呈"S"形的海岭。它起于冰岛海岸，然后往南延伸，再经过大西洋的南部，一直到南极洲附近，南北全长共约1.5万千米。海岭的宽度一般都在1500~2000千米之间，约占了大西洋总宽度的1/3，高度一般在200~4000米之间。大西洋海岭脊部有一条非常陡峭深邃的大裂谷，也是地壳的一个大裂缝，在地貌上表现为一系列海脊和狭窄的线状槽沟。

在5个大洋中，北冰洋的规模不仅是最小的，而且它的海水也较浅，同时它还有着较为简单的海底地貌。北冰洋最突出的特点是大陆架非常宽广，总面积达440万平方千米，占总面积的33.6%。在北冰洋中部横卧着两条大致平行的海岭，呈西北东南走向，名为罗蒙诺索夫海岭和门捷列夫海岭。两条海岭把北冰洋的海底分成了三个海盆，即马卡罗夫海盆、加拿大海盆和南森海盆。其中南森海盆深度5449米，是北冰洋的最深处。

了解海底震区

复杂的海底地貌和我们陆地上的地貌一样，也在时时刻刻发生着演变。相比陆地，海洋的地貌演变更为剧烈，而伴随这种地质演变的，正是海底地震活动以及火山爆发。

海底地震主要分布在活动大陆边缘和大洋中脊。活动大陆边缘又称主动大陆边缘，是大洋板块向毗邻大陆板块之下俯冲形成的强烈活动的大陆边缘。从海洋到陆地，活动陆缘构造比较复杂，包括海沟、弧沟间隙、火山弧和弧后盆地等构造单元。属于活动大陆边缘的有前南斯拉夫亚德里亚海岸、克里特岛、爱琴海诸岛、苏门答腊岛、亚平宁半岛等。活动大陆边缘地震带主体属于环太平洋地震带，当然环太平洋地震带不仅仅只包括这一个地震带，此外还包括印度洋爪哇海沟附近、大西洋波多黎各海沟及南桑威奇海沟附近的地震带。活动大陆边缘属于板块俯冲边界，因此

▲爱琴海

此地震带释放的能量约占全球总能量的80%。这里既有浅源地震，也有中源地震和深源地震。其中浅源地震往往小于70千米，而中源地震的范围多是70~300千米，而深源地震则是300~700千米。自海洋带（海沟附近）向大陆带震源深度逐渐加深，形成一种有倾斜度的震源带，如贝尼奥夫带。几乎所有的深源地震以及大部分的浅、中源地震都是在板块俯冲边界地带。中洋脊又被称作大洋中脊、中隆或者中央海岭。其隆起于洋底中部，并贯穿了整个世界大洋，因此成为地球上最长、最宽的环球性洋中山系，也成为最引人注目的海底山系之一。三大洋的中脊位于南半球并且互相连接，总长可达8万千米，面积约占世界海洋总面积的1/3。根据海底扩张说和板块构造学说，洋底扩张的中心和新地壳产生的地带便是大洋中脊。因此，大洋中脊是现代地壳剧烈活动的地带，经常发生地震。大洋中脊地震带绵长并且面积广大，属于分离型板块边界，是浅源地震。地震带狭窄、连续，释放的能量占全球总能量的 5%。大洋中脊的地震活动包括沿中脊轴部（或中央裂谷）分布的地震、沿断裂带分布的地震和中脊两侧盆地的地震。沿中脊轴部分布的地震震级一般不超过里氏7.0级，大地震很少；沿断裂带分布的地震是大洋中脊上最强烈的地震，最大震级里氏8.4级。大洋中脊两侧的大洋盆地，因为在板块的内部，所以是全球地震活动时最平静的区域，但在出现火山活动时，局部地区会有一些地震现象。如夏威夷群岛一带的火山地震活动比较明显，这些地震是由导致火山喷发的地下岩浆的运动引起的。这两大海底地震分布带，具体到地球上的区域，大致可分为三个地震带。

一是环太平洋地震带，全长4万千米，板块活动剧烈，地球上90%的地震以及80%最强烈的地震都在这条地震带上发生，释放全球地震80%的能量。它呈现出一个马蹄形，沿着北美洲太平洋东岸的美国阿拉斯加再向南，中间经过加拿大、美国加利福尼亚和墨西哥西部地区，最终到达南美洲的哥伦比亚、秘鲁和智利地区，然后从智利再转向西，中间穿过太平洋，抵达大洋洲东边界的周围地区，在新西兰东部海域向北折曲，再经过斐济、印度尼西亚、菲律宾、中国台湾省、琉球群岛、日本列岛、千岛群岛、堪察加半岛、阿留申群岛等一系列的岛屿，最终回到美国的阿拉斯加，环绕太平洋一周。在其西侧则是被称为"火山地震国"的日本，每年发生的有感地震高达1000余次。东侧是美国西海岸，这里有世界最著名的圣安德列斯断层，美国的强地震大多发生在这里。

▲地震带模型

全球第二大地震活动带是欧亚地震带，又被称为地中海—喜马拉雅地震带，全长2万多千米，范围大致从印度尼西亚西部开始，经中南半岛西部到中国的云、贵、川、青、藏地区，经中国横断山脉、喜马拉雅山脉、帕米尔高原，以及印度、巴基斯坦、尼泊尔、阿富汗、伊朗、土耳其到地中海北岸，一直延伸到大西洋的亚速尔群岛。本带是在亚欧板块和非洲板块、印度洋板块的消亡边界上，全球地震总能量的15%在这条地震带上释放。

全球的第三条地震带则是海岭地震带，它又被称为大洋中脊地震带，主要分布在太平洋、大西洋、印度洋的海底山脉上。这条地震带绵亘了6万多千米，并且与大洋中的海岭位置完全符合，成为全球最长的一条地震带。它从西伯利亚北岸的勒拿河口地区开始，穿过北极，中间又经过斯匹次卑根群岛和冰岛，再穿过大西洋中部，紧接着到达印度洋一些狭长的海岭地带和海底隆起地带。这条地震带还有一个分支路线，穿入红海和著名的东非大裂谷地区。这条世界上最长的地震带上的地震几乎都属于浅源地震，震级一般不会超过里氏7.0级，全球约5%的地震能量在这条地震带上释放。

区分地震术语

根据不同因素，地震又有着不同的分类。从成因上来看，地震可分为陷落地震、火山地震和构造地震。其中，陷落地震是由于地层逐渐地陷落而引起的地震。例如，当地下岩洞或矿山被采空，支撑不住顶部巨大的压力的时侯，便会出现塌陷现象，从而引起地震发生。这类地震发生的概率极少，不到全球地震数量的3%，而引起的破坏也比较小。而与这种地震截然不同的是火山地震，它是由于火山的作用，比如岩浆活动、气体爆炸等现象所引起的地震。它的影响范围一般也比较小，也较少发生，约占全球地震数量的7%。而构造地震则是由地下深处岩层错动、破裂所造成的地震。这类地震发生的次数是最多的，占了全球地震数量的90%以上，并且这种地震的破坏力也是最大的，而我们要研究的海底地震也基本上属于构造地震。

▲岩洞垮塌也会导致地震发生

根据发生的位置不同，地震又能划分为板内地震和板缘地震。发生在板块内部的地震叫板内地震。板内地震是在板块相互作用的影响下，由局部的力系或表层岩石的温度、深度和强度的变化引起的，如亚欧大陆内部（包括中国）的地震多属此类。板块边界上发生的地震叫作板缘地震，环太平洋地震带上发生的大多数海底地震就属于此类。

在地球上，地震的发生似乎很平凡，每天都会有上万次地震，而每年的地震次数也能够达到500多万次。这个庞大的数字可能让人惊讶，不过，因为它们之中绝大多数太小或离我们太远所以人们感觉不到。事实上，真正能对人类造成严重危害的地震，全世界每年有一二十次。人们感觉不到的地震需要用地震仪才能记录下来，目前世界上各个国家和地区运转着数以千计的各种地震仪器，日夜监测着地震的动向，不同类型的地震仪记录不同强度、不同距离的地震。

想要正确地描述一场地震，就需要我们能正确地使用描述地震的专业术语。一般我们称地球内部直接产生破裂的地方为震源。它是一个区域，但在实际研究地震时往往将它看成一个点。根据地震仪测定的震中，统计出来的数据我们称之为微观震中，而根据地震宏观调查所确定出来的震中则被称为宏观震中，它是极震区的几何中心，也就是我们日常说的震中附近破坏最严重的地区。早在公元1900年以前，还没有发明任何仪器来记录地震的时候，地震的震中位置都是按破坏范围而确定的宏观震中。微观震中和宏观震中虽然测定的方式不同，但是都是用经纬度来表示的。由于方法不同，宏观震中与微观震中往往在经纬度上并不重合。

提到震中，那么就要知道什么是震源深度，从震源到地面的距离通常被叫作震源深度。根据震源深度的不同，地震又可分为以下三类：一是震

▲地震断裂带

源深度在60千米以内的地震，称作浅源地震；二是震源深度为60~300千米的地震，称为中源地震；三是震源深度超过300千米的地震，称为深源地震。如果是同样强度的地震，震源越浅也就是距离地表的距离越短，所造成的影响或破坏也就越重。

从震中到地面上任何一点的距离称为震中距。因为震中距的远近不同，同一个地震在不同的距离上观察，叫法也不一样。从观察点的位置来看，震中距在100千米以内的则被称为地方震，震中距在100~1000千米的称之为近震，震中距大于1000千米的地震称为远震。

在地震发生的时候，地下的岩层便会发生断裂或错位现象，此时会释放出特别大的能量，这种能量以弹性波的形式向四周传送，这就是地震波。地震波按照传播方式可分为三种类型：横波、纵波和面波。其中纵

▲地震后的山

波、横波又被统称为体波。

纵波指振动方向与波的传播方向一致的波，传播速度较快，在地壳中的传播速度为每秒5.5~7千米，最先到达震中，又称P波，到达地面时人感觉颠动，物体上下跳动。横波指波的传播方向与振动方向垂直的波，传播速度比纵波慢，在地壳中的传播速度为每秒3.2~4千米，第二个到达震中，又称S波，到达地面时人感觉摇晃，物体会来回摆动。面波是一种混合波，它主要是由纵波与横波在地表相遇后激发产生的。这种波的速度要低于体波，波速约为每秒3.8千米，在记录过程中，往往也是最后才被记录到的，又称L波。其具有波长大、振幅强的特点，只能沿着地表进行传播，是造成建筑物强烈破坏的主要因素。

地震波的记录为描述地震大小提供了依据。1935年里克特建立了震级的概念，震级是衡量地震本身大小的一把"尺子"，它与震源释放出来的弹性波能量有关。地震的级数越高，表明其震源所释放出来的能量也就越大。如果震级变小一级，那么释放出来的能量便会相差30多倍。发生在1995年日本大阪、神户的里氏7.2级地震，其所释放的能量相当于1000颗二战时美国向日本广岛、长崎投放的原子弹的能量，可见地震所释放出来的能量是巨大的。

震级通常是通过地震仪记录到的地面运动的振动幅度来测定的，一般采用里氏震级标准。在1935年的时候，里克特提出了地震的计算公式，发现每一级地震释放出来的能量都会是次一级地震的31.7倍。这就意味着，每高出0.1级的里氏震级，便会有多0.412倍的能量被释放。也就是说，里氏7.9级地震所释放出的能量是里氏7.8级地震的1.412倍左右。理论上，一次地震，同一震级标度的震级只有一个，但在实际的地震震级测量中，不同台站所测定的震级往往不尽相同，这是由于地震波传播路径、地震台台址条件、使用的仪器不同等差异导致的，所以在实际操作中，我们常常会取各台的平均值来作为一次地震的震级，因此地震过后一段时间对震级进行修订是常有的事，一般修正过程会持续半年甚至一年，直到全球的资料汇集后进行测定，才算是最终的结果。而在最终修订结果出来之前，我们所说的震级都只能算作临时的数据。

地震按震级大小大致可分为弱震、有感地震、中强震和强震。震级小于里氏3.0级的地震是弱震。如果震源很深，这种深源地震在一般情况下是不会被人们觉察到的，同时也不会给人类带来任何的不良影响。人们能够感觉到地震的时候，表明有感地震震级已经达到里氏3.0级、小于或等于里氏4.5级。这种地震人们能够明显感觉到，但一般不会造成破坏。中强震是震级大于里氏4.5级并小于里氏6.0级的地震，这种地震往往能够造成损坏或破坏，但破坏轻重不一，还要结合震源的深度和震中距等多种因素才能确定。强震一般情况下是指震级等于或大于里氏6.0级能造成严重破坏的地震。其中震级等于或大于里氏8.0级的又称为巨大地震。

历史上，人们在多次经受了地震灾害之后，试图采用一种简便的方法来表示地震的强弱程度，这就是地震烈度的起源。在1564年就已经有了对地震烈度概念的记录，记录者是欧洲学者加斯塔尔迪。他在讨论一次地震的影响时会选用不同颜色来表示地震影响的强弱，也就是所谓的烈度。地震烈度是衡量地震造成的影响力和破坏程度的一把有力的尺子。烈度与震级是不同的，不要将两者混为一谈。震级反映的是地震本身的大小，受到地震释放的能量多少的影响，而烈度则反映的是地震所造成的后果。因此，一次地震只有一个震级，而地点的不同所造成的烈度也是不同的，所以说烈度并不是唯一的。一般而言，震中地区受到的影响是最大的，烈度体现得也是最高的。随着震中距不断地加大，烈度也会呈现逐渐减小的趋势。从以上可以看出，地震震级和地震烈度是彼此相关的两个完全不同的概念。在工程上，人们通常会使用地震烈度来作为建筑物或构筑物抗御地震破坏能力的指标，而不是用地震震级的概念。比如说抗7级地震，就是意味着建筑物或构筑物能够抗御地震烈度为7度的地震，并不是意味着震级是里氏7.0级，震级也很有可能是里氏6.0级，这个地震的震中也许离建筑物很近，也许很远。

地震烈度须由专业的科技人员通过现场调查予以评定。其具体评定是综合人的感觉、器物反应、房屋结构和地表破坏程度等来进行的，反映的是一定地域范围内地震破坏程度的平均水平。一次地震结束后，一个地区的地震烈度会受到多种因素的影响，比如会受到震源深度、震中距、震级、地质构造、场地条件的影响。

通常情况下会用地震烈度表来说明地震烈度的评定方法、评定标志、等级划分等。地震烈度表又被称作等震线图。震后进行调查得出结果后，需要进行标注，标注的过程是将各烈度评定点的结果依次标示在适当比例尺的地图上，然后按照由高到低的勾画方法，将烈度相同点的外包线（等

▼地震导致道路损毁

震线）连起来，便构成地震烈度分布图。目前全球的烈度表不尽相同，各有各的特点和优势。就拿中国为例，中国评定地震烈度的技术标准是《中国地震烈度表（1980）》，它将烈度清晰地划分为12个度。Ⅰ度：人不会感觉到，但是仪器能够记录到；Ⅱ度：在十分安静和静止的环境下，个别敏感的人能够感觉到；Ⅲ度：室内少数人在静止中能够感觉到，悬挂物会出现轻微摆动的现象；Ⅳ度：在室内的大多数人和室外的极少数人有震感，悬挂在墙上的物品会摆动，不稳器皿也会发出声响；Ⅴ度：室外大多数人有震感，此时家畜会不宁，门窗也会发出声响，墙壁表面出现小的裂纹；Ⅵ度：人会出现站立不稳的现象，家畜往往会选择外逃，器皿也会翻落在地，简陋棚舍往往会出现损坏的现象，陡坎滑坡；Ⅶ度：房屋轻微损坏，牌坊、烟囱等物品会损坏，地表出现裂缝及喷沙冒水的情况；Ⅷ度：房屋会出现多处损坏，少数的路基会出现塌方，地下管道破裂；Ⅸ度：房屋大多数破坏，少数房屋会坍塌，牌坊、烟囱等崩塌，铁轨也会弯曲；Ⅹ度：房屋倾倒，道路出现毁坏现象，山石大量崩塌，水面大浪扑岸；Ⅺ度：房屋大量倒塌，路基堤岸大段崩毁，地表形态也会产生很大的变化；Ⅻ度：一切建筑物都会遭到普遍的毁坏，地形剧烈变化，动植物也会遭到毁灭。

一次中强以上地震在发生的前后，震源区及其附近往往也会有一系列地震相继发生和出现，这些在成因上存在着联系的地震就构成了一个地震序列。根据地震序列的能量分布、主震能量占全序列能量的比例、主震震级和最大余震的震级差等，可将地震序列划分为主震—余震型、震群型、孤立型三类。根据有无前震，又可将地震序列分为主震—余震型、前震—主震—余震型、震群型三类。

主震—余震型地震拥有主震十分突出、余震十分丰富的特点，并且最大地震所释放的能量占了全序列的90%以上，主震震级和最大余震相差0.7~2.4级。有时，在主震发生之前会有前震发生，这种地震被称为前震—主震—余震型地震。如果是发生了两个以上大小相近的主震地震，那么这次地震的余震则会十分丰富，这种地震是震群型地震。这种地震的主要能量通过多次震级相近的地震释放，最大地震所释放的能量占全序列的90%以下，主震震级和最大余震相差0.7级以下。孤立型地震的特点是具有突出的主震，余震次数少、强度低。这种地震的主震所释放的能量占全序列的99.9%以上，其主震震级和最大余震相差2.4级以上。

因此，在一般情况下，强震发生之后，往往还会发生更大的地震，或者有较大的余震发生，所以震后不可掉以轻心，需要防备再次地震的袭击。海底地震造成的灾害又可以分为直接灾害和次生灾害。直接灾害是指由地震的原生现象，如地震断层错动，大范围地面倾斜、升降和变形，以及地震波引起的地面震动等所造成的直接后果。直接灾害主要有房屋倒塌、人员伤亡、工程设施破坏等。地震次生灾害往往是指由地震灾害打破了自然界原有的平衡状态或社会正常秩序从而导致的灾害，比如地震引起的火灾、水灾，或者是当有毒容器遭到破坏后产生的毒气、毒液或放射性物质等泄漏造成的灾害等。在地震发生之后，往往还会引发种种社会性的灾害，比如瘟疫与饥荒的大面积发生。另外随着社会经济技术的迅猛发展，地震还会给社会带来新的继发性灾害，比如通信事故、计算机事故等。这些灾害是否发生或灾害发生的大小，往往都与社会条件密切相关。

▲地震可引起次生灾害

海底地震灾难纪

在《简明大不列颠百科全书》上，对地震有这样的评价："任何天灾都比不上地震，能在如此短促的时间，如此广大的范围，造成如此巨大的损失。"海底地震引起的海啸能在几分钟内就吞噬沿岸的城镇，巨浪以摧枯拉朽之势越过海岸线，穿过田野，呼啸而过，迅猛地袭击岸边的城市和村庄，狂涛将港口的设施、被震塌的建筑物席卷一空。瞬间，人们都消失在巨浪中，数万人丢失生命，无家可归，而海底地震在历史上从来没有停止过。

智利的两次强震

根据现代板块学说的观点，智利东面倚靠着安第斯山脉，西面濒临太平洋海沟，处于南美洲板块与太平洋板块相互碰撞的地带，因此，智利的海底地震、海啸和火山喷发是常见的自然灾害，尤其是在太平洋东岸的一些海滨城市。

在历史上，智利曾经多次遭到由海底地震引起的海啸侵袭。1960年5月21日凌晨，智利蒙特港附近海底发生了历史罕见的里氏9.5级强烈地震。据美国地质勘探局资料显示，此次地震是1900年以来有记录的最强烈地震，也是人类科学观测史上记录到震级最大的震群型地震，为世界地震史所罕见。在1960年5月21日至6月22日仅仅一个月的时间里，在1400千米长的南北狭窄地带就连续发生了数百次地震，其中超过里氏8.0级的3次，超过里氏7.0级的10次，共有37个震中，沿岸有些村庄消失。地震期间，6座死火山重新喷发，导致数万人死亡和失踪，200万人无家可归，经济损失在4亿~8亿美元。

在这次地震中，受破坏最大的是智利北部城市卡拉马、托科皮亚和安托法加斯塔。

这次地震还引发了世界上最严重、影响范围最大的一次地震海啸。太平洋沿岸以蒙特港为中心，南北800千米，几乎被洗劫一空。大震之后，海水迅速退落，大面积的海底暴露在日光下，约15分钟后海水骤

▲海啸来临之前

然而涨，最高达25米的浪涛滚滚而来，袭击着智利太平洋东岸的城市和乡村，吞噬着那些在地震中幸存的港口码头设施和海边的人们。海浪将海边的建筑物击打得粉碎，紧接着巨浪迅速地退回海中，这样便将已经粉碎的建筑席卷到了海中。海水如此反复涨起又退去，持续了将近几个小时。

几天之后，地震波以每小时600千米的速度扫过太平洋，在太平洋西岸掀起了海啸，又给日本和菲律宾的东部沿海地区造成了严重的损害，侵袭范围很广，包括夏威夷、日本、菲律宾、新西兰东部、澳大利亚东南部以及遥远的阿拉斯加和阿留申群岛等地。海啸竟然在距震中近1万千米的地方仍能够翻腾起10.7米高的巨浪。太平洋彼岸的日本列岛波高仍达到6~8米，最高可达8.1米。此次海啸给日本的本州、北海道等地区造成了极大的破坏。在日本沿海地区，大面积的良田被海水无情地淹没，数百人被突如其来的波涛卷入大海，几千所住宅被冲走、冲毁，无家可归的人达到了15万，港口、码头设施多数被毁坏。

2010年2月27日北京时间14时34分，智利又一次发生了里氏8.8级地震。此次地震发生在康塞普西翁，震源深度大约35千米，最终造成799人死亡。地质学家称此次地震"非常巨大"，释放的能量比海地地震要大80倍。

智利这次地震的位置和1960年的那次地震是相同的，都处于纳斯卡板块俯冲至南美洲板块西部边缘处的断裂带。纳斯卡板块位于东太平洋的赤道以南地区，厚度可达到96千米，每年会以大约9厘米的速度向东滑向南美洲板块上。再加上1960年里氏9.5级地震时，断裂带所受到的应力依旧存在，因此才会触发50年后的2010年的智利强震。这次地震使得断裂带的岩层活生生地被撕开一条长400千米的"伤口"，可谓新伤旧患。

2010年的这次里氏8.8级智利大地震也导致了一个有趣的现象发生。由于地震时板块移动，智利国土也发生了整体性地向大西洋方向的移动，但是智利内陆移动的距离比不上海岸部分移动的距离，比如临近太平洋沿岸的城市在地震中受影响就比较大，最典型的城市是孔斯蒂图西翁市，它向太平洋方向移动了将近4.7米，但是在智利与阿根廷接壤的安第斯山脉边界地区，仅仅向西移动了1米的距离。这看似很小的3.7米，却使智利国土面积一下增大了1200平方千米。然而，这增加的国土并不能够长久地保持下去，经过科学家们的研究发现，这新增的1200平方千米国土面积在未来的150~180年内，会逐渐随着地壳活动而消失，最终智利国土面积会基本回到大地震之前的大小。

相比历史上其他海底地震造成的人员伤亡数量，智利的这次地震呈现

▲断裂带

出截然不同的低死亡率特征，因此智利的这次抗震也被称为奇迹。智利为什么能够有效防御大地震，最主要的原因在于智利建筑精巧的抗震设计和严格的工序监督。在这次巨震之后，出乎人们意料的是，圣地亚哥竟然有99%的房屋都成功地矗立着，没有出现倒塌的情况。虽然圣地亚哥市有不少房屋开裂，但仅仅有20多栋房屋出现严重受损的情况，600万圣地亚哥人因躲在房屋内而有惊无险，这简直是一个奇迹。在智利，一栋新房的建造，往往凝聚着智利人民无穷的智慧。1960年的地震之后，智利人民吸取教训，新建的房子不会太高。除了首都圣地亚哥有一些散落在市中心的高层建筑外，老城区大多都是低层建筑。在一些中小型城市，比如康塞普西翁和塔瓦罗，大多都是一层或二层楼的建筑，很少有高层建筑。当地的法律还做出规定，所有建筑在开建之前，都必须由专业机构进行抗震标准设计。

　　巧妙的防震设计在这次地震中展现出其特点。此次地震中，圣地亚哥机场候机楼连接高速公路的一座桥梁一端塌陷，这一事情引发了外界对其抗震设计的普遍质疑。对此，这座桥梁的设计师回应说"故意这么设计的"，这一回应更是出乎了很多人的意料。设计师的抗震设计原来是这么考虑的：如果连接桥的两端都被牢牢地固定住，一旦大地震来临，强大的张力必然会拉垮与之相连的候机楼或是高速公路。如果只将其中的一端固定住，大地震突然袭击时，没有固定的一端受力后自然会塌下来，也不会拉扯到其他的建筑。这样做既保护了候机楼的完整，又能够保护公路。原来，设计师的这一设计是为了达到更好的保护作用。由于经常遭受大地震的袭击，设计师们自然深知大地震的破坏力是十分强大、无法抵抗的，所以智利防震设计的理念不是建造在地震中坚不可摧的建筑，而是尽可能地缓冲、释放地震能量，从而最大限度地保全建筑物的完整，即"强柱弱

▲智利房屋建材都有严格要求

梁"的抗震设计理念。弱梁的断裂往往是为了缓冲地震能量，而强柱则支撑着房子不会倒塌，从而达到保护屋内人生命的目的。这种抗震理念是十分可取的。

智利所有新房建设不仅有巧妙的抗震设计，还有严格的建造程序和监督流程。在圣地亚哥所有新房的建造过程中，严格的监督贯穿始终。在房屋动工前，施工人员在地基和周边区域要各挖几个1米多深的坑，待结构工程师和力学计算师现场查看土质后，才能决定新房地基应该挖多深。选材是十分关键的一步，其所用的水泥、钢的型号以及钢板的厚度等，都有着严格的要求，并且在设计中要严格遵守这一标准。正式倒地基时，结构工程师和力学计算师又会前来查看所用钢筋的粗度和分布的密度。智利政府有着严格的规定，即每栋房屋建设时混凝土样品都要送检。因此，在每一次浇筑混凝土之前，监督人员都会拿走几小箱样品，紧接着送到智利大学去检测，目的是查看混凝土的强度是否能够达到设计的要求。在建设即将完工的时侯，设计人员又要亲临工地展开更为全面的查看，他们会仔细地检查楼顶金属架构的焊接是否牢固。这一系列的监督流程十分烦琐，也十分严格，而且耗时也相当长，但产生的效果在这次地震中也相当明显。

当然，除了在建筑防震设计上煞费苦心之外，智利人普遍拥有的防震意识也是他们在地震中伤亡较少的重要因素之一。由于智利所处的特殊地理位置，每个智利人都知道，每隔20年左右就要发生一次特大地震，因此每一名智利人似乎天生都有着"防地震基因"，地震对于他们来讲似乎成为了家常便饭。这种平和对待地震的态度，也能避免地震中由于慌乱导致重大伤亡，而且社会秩序也能在第一时间迅速地恢复正常。

地震频发的印尼

印度尼西亚由约1.75万座小岛组成，号称"千岛之国"。作为全球最大的岛国，它坐落在世界上最活跃的环太平洋地震带与世界第二大最活跃地震带阿尔卑斯带之间，可谓是地球上"最脆弱的地方"。据美国地质调查局资料显示，环太平洋地震带可以称得上是全球最强的一个地震带。在这个地震带中，会出现一系列断层线，断层线从西半球的智利穿越日本和东南亚，一直延伸了长达4.02万千米的距离。印度尼西亚便夹在这个地震多发带的中间，这就意味着这个岛国无法避免地将经历全球最猛烈的地震灾害和最强劲的火山爆发。

印尼的地震记录正如人们所预测的那样，从来没有停止过。从近年来看，在2004年12月26日这个恐怖的日子里，印尼的苏门答腊岛附近海域发生了里氏7.9级强烈地震，更为可怕的是这次地震引发的海啸波及了多个国家，最终酿成了20多万人死亡或失踪的惨剧，其中仅印尼就有17万人死亡或失踪。紧接着在2005年3月28日，印尼苏门答腊岛附近海域再一次发生了更为强烈的地震，这次地震震级达到里氏8.5级，最终造成900多人死亡。一年之后，2006年5月27日，印尼日惹和中爪哇地区发生里氏5.9级地震，造成至少6234人死亡和4.6万多人受伤，约20万人无家可归。不到两个月的时间，2006年7月17日，印尼爪哇岛西南海域又发生了里氏6.8级强烈地震，并引发海啸，最终造成668人死亡、1438人受伤、287人失踪，约7.4万人无家可归。到了2007年3月6日，印尼苏门答腊岛西北部巴东地区发生里氏6.3级地震，虽然这次没有造成过多的人员伤亡，但是也使82人失去了生命，数百人受伤。2008年11月17日，印尼东部的苏拉威西岛科罗达罗省发生里氏7.7级强烈地震，导致4人死亡，1000多座房屋和建筑物受损，人们无法正常居住。2009年1月4日，印尼最东端的西巴布亚省马诺夸里地区发生里氏7.6级强烈地震，造成至少4人死亡，数十人受伤。在这年9月2日下午2时55分的时候，印度尼西亚西爪哇省附近的印度洋海域发生了里氏7.3级地震。这次大的地震之后，又连续性地发生了两次比较大的余震，最终造成5000多人死亡，600多人受伤或失踪。2010年4月7日，在印度尼西亚苏门答腊北部又一次发生了里氏7.8级地震，

▼印尼地震常引发火山

虽然死亡人数仅有6人，2人重伤，但是对当地的经济产生了很严重的影响。10月25日，苏门答腊省明打威群岛发生里氏7.7级地震，最终导致450人死亡，96人失踪，上万居民无家可归。2011年4月4日凌晨，里氏7.1级地震在印度尼西亚爪哇岛南部的印度洋海域发生。一个月之后，印尼中部苏拉威西岛附近区域发生里氏5.8级地震，这次地震的震中位于哥伦打洛城东南方向约75千米处的海域，震源深度为85千米。

事实上，印尼的地震还常导致全球最猛烈的火山爆发。当印度洋板块俯冲到亚欧大陆板块下方的时候，便会形成印尼西部的火山弧。这种火山弧是环太平洋地震带的一部分，并且拥有129座活火山。在印尼爪哇岛上还存活着两座最活跃的火山，它们分别是凯拉特火山和默拉皮火山，而且这两座火山都曾大规模爆发过。以默拉皮火山为例，它是地震监测系统中最活跃的地区之一。在1930年的时候，默拉皮火山喷发导致1300多人遇难。后来在2006年5月21日，默拉皮火山又一次喷发出炽热的岩浆，当地政府不得不发出最高级别警报，并紧急疏散火山周边的居民。附近村庄居民约3400人因火山灰而患肺病、呼吸困难、腹泻等疾病。2010年10月26日，苏门答腊岛西部海域发生了里氏7.0级以上的强震后，默拉皮火山也显得十分活跃。它多次喷发，喷发出来的火山灰冲上了高达1500米的空中，高温的火山岩浆直奔山下，最终造成322人死亡，1.35万名民众只好转移到10千米外的灾民收容所。大量火山灰和气体喷到空中，烟雾弥漫，浓烟高达8000米，直接影响到亚太区域内的航空交通。

▲泥石流

阿拉斯加大地震

　　阿拉斯加州的位置注定了此地会受到地震的不断侵扰，它位于美国最北部，东部紧挨着加拿大，北部延伸到了北极圈以内，西隔白令海峡与俄罗斯遥望。由于位于美洲板块与太平洋板块的交界处，阿拉斯加州便成为美国最容易发生地震的州。据相关资料的统计，在这个地方几乎每年都会发生一次里氏7.0级地震，每14年就会发生一次里氏8.0级或以上级别的地震，可以想象地震对当地的人们来讲已经成为十分常见的事情了。其中，1957年3月9日、1964年3月28日和1965年2月4日发生的三次大地震是北半球发生的最大的三次地震，这三次地震极富代表性。

　　1957年3月9日14时22分，在美国阿拉斯加州安德烈亚诺夫群岛的安德里亚岛及乌那克岛附近海域发生了一次里氏9.1级地震，震中位于北纬51°34′，西经

175°20′。此次地震波及的范围很广，引发的海啸甚至影响到夏威夷群岛，波浪高15米。此次地震甚至还导致已经休眠了长达200年的维塞维朵夫火山的复活与喷发。

7年之后，当地时间1964年3月27日17时36分13秒，当天正好是耶稣受难日，美国阿拉斯加南部发生了一次巨大地震，里氏震级约为8.5级，是美国和北美历史上最大的地震。此次地震的震中位置是美国阿拉斯加中南部威廉王子湾的海上，北纬61°24′，西经147°44′，约25千米深，震中距学院峡湾约10千米，距瓦尔迪兹约90千米，距安克雷奇约120千米。这场强烈的地震发生的原因是太平洋板块和北美洲板块之间的一个断层在威廉王子湾接近学院峡湾的地方断裂。震动持续了长达4分钟。地震造成了很严重的地表变形现象，地表岩层出现断裂，裂缝纵横交错，总长度达到了800千米。这次大地震还引发了至少12次余震以及冰崩、山崩、海啸和泥喷。

震中区安克雷奇由于位置接近悬崖，区内受到了严重的破坏。安克雷

▼地震摧毁了大量建筑

奇的地面和建筑物像波浪一样上下摇晃，科迪亚克岛南部至威廉王子海峡一线地面隆起，大范围的地方出现了垂直错动，垂直错动让有的地方下降了2.3米，有的地方抬升达11.5米。最典型的是闹市区的地面甚至出现了崩裂现象，从而出现了两条深3.66米、宽15.25米的大裂缝。

位于震中区安克雷奇以西的威提尔原本是一个商港兼军港，与震中相距64千米，此次地震将港埠设备和房屋建筑差不多全部破坏，海岸出现严重滑塌，整个地面下沉约1.6米。地震后，紧跟着的是海啸的袭击，波浪将海中的石块卷到了街头上，有的石块直径竟然超过了2米。

位于震中西南的苏厄德港，距离震中约153千米。苏厄德港处在小峡湾三角洲上，地震时整个港区地面下陷约1米，海岸地基出现滑塌，致使码头至陆内约100米的地带都产生了地裂缝。在地震结束后，海啸又袭击了苏厄德港，这无疑是雪上加霜，海啸将港埠的设备全部摧毁，房屋也大面积倒塌，直接受到影响的民房达到了300多幢。如此严重的破坏导致灾后的重建困难变大，震后政府不得不放弃原港区的运输功能，将之重新定位，开辟为旅游区。

位于震中东面的瓦尔迪兹镇是一个港口，坐落在罗比川三角洲的松软地基上，居民约500人。此次地震，三角洲前缘水下地基出现了巨型滑塌的情况，码头及邻近沿岸地区都遭到了极其严重的破坏。距海稍远的镇内地区，天空中满布着尘土，地面出现纵横交错的裂缝，有的裂缝长达75米，宽1.8米，深1.2米，有的裂缝上原本有民房和许多商店，地裂导致这些房屋的墙基动摇发生倒塌，高压电线也因遭到破坏而火花四溅。全镇一半的建筑物和基础设施都被浸在海水中，整个镇几乎被毁，震后政府只得在附近另选一个地基较为牢固的地方重建瓦尔迪兹镇。

此次地震带来的不利影响还远不止此，它还导致阿拉斯加及其他城镇出现了大规模的地裂、山崩、冰崩、泥石流、地滑、塌陷等灾害，在距离震中160千米以内的城镇、村庄、铁路、公路均受到了不同程度的影响和破坏，同时还出现了将近60千米长的断层现象，其断层崖面的高度超过了11米。宽300千米、长近1000千米的广阔区域内地壳扭曲变形。科迪亚克、瓦尔迪兹一线向南的广大地面出现上升的情况，而此线以北的广大地面却发生了下陷，并且下陷达到12米。大地震后的当年，地面变形的地区又发生了500多次里氏4.0级以上的余震和50余次里氏6.0级以上的强余震。

阿拉斯加的海底地震后20~30分钟出现了大海啸。这次海啸每隔11.5小时就会对美国阿拉斯加南部的瓦尔迪兹港湾进行一次攻击，最严重时在瓦尔迪兹的入海口处形成了高达30多米的海啸波，波峰到港湾顶端倒卷时巨浪高达50多米。波浪到达科迪亚克岛时减低为20多米。美洲的太平洋沿岸、夏威夷、日本直至南极都受到了不同程度的影响。

1965年2月4日，美国阿拉斯加州的拉特岛又一次发生了里氏8.7级地震。这次地震引发了海啸。因为震中位于西经178°30′、北纬51°13′的地方，所以这次海啸席卷了整个舒曼雅岛。

阿拉斯加大地震在客观上推动了美国地震灾害的研究。在1964年阿拉斯加里氏8.5级大地震之前，美国政府对地震预测工作并不十分重视。阿拉斯加大地震之后，美国开始重视海啸这种现象，并且加大对海啸的研究与防御工作。1965年，普雷斯等人提出了地震预测和防止地震灾害研究的10年计划。1977年，美国国会又通过了《减轻地震灾害法案》，将地震预测工作列为地震研究的正式目标。

2004年印度洋大地震发生于12月26日，震中位于印尼苏门答腊以北的地区，即北纬3°18′，东经95°47′，距离苏门答腊岛仅有160千米的距离，震源在水下10千米的深处。这里便是环太平洋地震带的地震频发区域。当地地震局测量到这次的地震强度为里氏6.8级，而中国香港及美国等地测量到的强度为里氏8.5~8.7级。其后中国香港天文台和美国地震情报中心分别修正强度为里氏8.9级和9.0级，这次地震竟然成为了地震史上第二强震。

这是自1964年阿拉斯加地震以来最强的地震。地震持续了500秒，海洋板块由苏门答腊往北切出长达1600千米的裂缝，其释放的能量相当于伊莎贝尔飓风持续70天所释放的能量。如果再进行形象的估算，相当于7.5颗2500万吨核弹头释放的能量。这种巨大的能量足以为地球上的每个人煮沸1万升的水。

在稍后的几小时里，安达曼岛发生了里氏5.7~6.3级的大量余震。在尼科巴群岛也有大量余震，其中有两次余震震级达到了里氏7.3级。2005年1月1日14时25分，在印度尼西亚苏门答腊岛以西海域，也就是在北纬5.2°、东经92.3°的地区，再次发生了里氏7.0级的地震。这次地震的震中距印尼里氏9.0级地震的震中约410千米，距离海岸约有320千米。这次地震过后，印尼政府运用空中监测，竟然发现印尼苏门答腊岛西海

2004年印度洋地震

▲马尔代夫

岸边上的一些小岛已经被海水完全淹没了。

这次地震并没有那么轻易地过去，紧接着引发了全球50年来最大的海啸。海啸先袭击了苏门答腊北部西海岸，然后袭击了缅甸、斯里兰卡、泰国的西海岸、印度东海岸以及地势较低的马尔代夫群岛，最后到达非洲沿岸，沿途波及印度洋沿岸10多个国家和地区，一些地区的波浪高达10多米。由于海啸发生的地点附近分布着很多热门旅游景点，加上正值圣诞节的旅游旺季，这些旅游地区聚集了大量的本地居民和外来游客，很多游客成了这次灾难的受害者。再者苏门答腊岛海岸乃至整个印度洋海岸百年以来，当地人没遇到过海啸，缺乏对海啸的认识和学习，更不用说懂得从各种先兆中预知海啸。而印度洋沿岸各国（地区）也并没有注意到海啸的威胁和来临，没有建立起相关的地震海啸预警系统。

基于以上原因，这次地震海啸造成超过25万人在灾难中丧生，5万人失踪，上百万人流离失所。根据泰国方面的统计，在这次海啸中，约7000名外国游客失踪，其中非受灾国游客死亡人数达到了2230人。据相关数据显示，在许多受灾的地区，妇女的死亡人数竟然高出男子三倍，而儿童占所有受害者人数的1/3以上，甚至在一些社区超过半数以上。印度尼西亚是此次地震海啸受害最为严重的国家。印度尼西亚国家减灾协调局发布的数据显示，因为这次海啸，23.4万人死亡，1240人失踪，4.4万人需要接受救治，另有61.7万人沦为难民，无家可归。在亚齐省西南岸，有17个村庄被海水淹没消失。斯里兰卡证实有超过4.1万人死亡，死亡的人中多数是儿童和老人，沦为难民的人数高达78万人。由于海水入侵内陆近2千米，长期内战留下的许多地雷完全露出地面，因此首都机场和港口不得不关闭，政府宣布全国进入灾难状态。在印度的泰米尔纳德邦、安得拉邦、安达曼群岛和尼科巴群岛，死亡人数共超过5000人，其中仅安达曼和尼科巴群岛就有1000多人死亡，除此之外还有数百人失踪。在泰国，海啸造成5395人死亡，近万人受伤，2845人失踪。海啸过后，发现很多人死于海边度假村内，而其中约有一半是外国人。当然，在泰国当地的死伤者中也包含了皇家人士和一些贵族人士，比如泰皇拉玛九世21岁的外孙蒲美·詹森也在这次海啸中被突如其来的巨浪吞噬。另外，在其他的一些国家也有不同程度

▼巨浪

的伤亡情况出现，涉及的国家有马来西亚、缅甸、马尔代夫、塞舌尔、孟加拉国等。

这场海底地震和海啸主要影响的地区不是拉动经济增长的城市、产业集中区或交通枢纽地带，而是集中在沿海的农村地区。地震和海啸不仅摧毁了这些地区重要的基础设施，而且也摧毁了这些地区人们主要的生计来源。印度尼西亚政府在世界银行和联合国的协助下，对损失进行了初步评估。评估表明印尼遭受损失最严重的是亚齐省，损失高达45亿美元，占到了其国内生产总值的97%。斯里兰卡的直接损失约为10亿美元，占国内生产总值的4.5%，其中大约4.5亿美元的损失发生在"社会部门"，如住房等。除此之外，斯里兰卡旅游业也遭受了巨大的损失，损失数额可达3亿美元。而在马尔代夫，损失达4.7亿美元，甚至更多，占到了该国国内生产总值的62%，这无疑给该国的经济发展带来了巨大的影响。而在相对发达的印度，安达曼沿岸地区有500个渔村受到不同程度的破坏。在泰国，仅旅游部门就有约12万人面临失业，国家的失业人口急剧增长。除了直接的经济损失之外，地震也导致受灾区的贫困程度进一步加大，贫困人口剧增，仅在印度尼西亚，地震与海啸产生的后续破坏性影响导致100万人成为贫困人口。在斯里兰卡，贫困人口则增加了25万；马尔代夫全国约一半房屋受损，一半以上的人口陷入绝对贫困。

这场巨大的灾难引起了国际社会的广泛关注。灾害发生后，中国政府和人民在第一时间向受灾国提供了及时有效的、没有附加任何条件的无私帮助，不仅在最快的时间内派出了许多救援人员赶到受灾现场参与救援，而且还为受灾国提供了总金额达2163万元人民币的食品、帐篷、线毯等救灾急需的物资和现款资助。与此同时，包括受灾国在内的世界其他各国政府和各国人民，还包括一些非政府组织、慈善机构和民间团体等都投入到救灾行动中。联合国还向灾区派出了灾害评估和救灾协调工作组。根据世界银行的统计数据显示，全球一共有60个国家和地区伸出了援助之手，他们向受灾地区提供了高达52亿美元的援助，而私人捐助金额也高达18亿美元。

　　在2004年印度洋地震后，英国专家并没有放弃这次研究的大好时机。他们利用高清晰度的多束激光声呐技术对海底进行了扫描，发现这场地震是由板块构造冲撞而发生的。随即英国科学家们公布了震中地区海床的首批图片。这是人类历史上大规模地震爆发后，海床图片首次被迅速发布。通过对这些图片的观察，可以看到受到地震的影响，印度洋海底的山脊出现了巨大的倒塌现象，并形成数千米宽的山崩地段。而灾难性的陆地位移也导致了赤道鼓起的程度有所减轻，因为地球是一个两极稍扁、赤道略鼓的扁球体，所以这次大地震也使得地球变得更圆。

▲抗震救灾

2010年海地地震

▲海地过度砍伐导致地震灾难扩大化

　　海地位于西印度群岛中海地岛西部，北濒大西洋，西与古巴、牙买加隔海相望，南边是加勒比海，东边接近多米尼加共和国，太子港是其首都。作为世界上第一个独立的黑人国家，因黑人占95%，所以有"黑人共和国"之称。海地地震并非偶发。由于处在伊斯帕尼奥拉岛地震活跃地区，海地历史上曾多次经历过破坏性地震。1751年10月18日曾发生过一次地震，当时这一地区还处在法国的殖民控制下。法国历史学家莫罗德·圣·梅里记载，当时太子港在那次地震中只有一座砖石建筑物没有坍塌。之后1770年6月3日又发生了一次较大的地震，在梅里的记载中这次地震使太子港整个城市成为了废墟。1842年5月7日，海地北部城市海地角发生地震，海地北部部分城镇被摧毁，邻国多米尼加共和国部分地区也没能逃过浩劫。1946年，一场里氏8.0级的大地震又袭击了海地和邻国多米尼加共和国，并引发了海啸，造成约1800人死亡，大量人员重伤。在1992年的时候，一份研究报告指出海地处于恩里基洛—芭蕉花园断层带上，这个地震带属于地震活动的末期，而这个断层带由伊斯帕尼奥拉岛中南部一直延伸到了牙买加地区，处于加勒比海和北美大陆板块的交界处。因此，这一地区的地震往往是由板块的水平移动产生的。虽然从1964年以后这一地区几十年来没有发生重大的地震活动，但是科学家预测在这一地区会发生里氏7.2级以上的重大地震活动。2008年3月，保罗·曼和一个研究小组合作，在加勒比地区的第十八次地质大会上提交了一份危险评估报告。报告中特别详细地注明了海地所在的恩里基洛—芭蕉花园断层带出现了较大的变形。由于过去40年间，这一断层基本处于稳定状态，所以小组建议应该高度重视此断层带，这一变化有可能引发里氏7.2级以上的地震。同年9月，海地当地的一份报纸援引地质学家帕特里克·查尔斯的评论发文指出太子港处于地震发生的高风险地区。

所有的预测报告都显示海地处于危险的地震区，一切就像预料中的一般，就在当地时间2010年1月12日16时53分，海地发生了里氏7.3级的地震。地震震中的位置正好在距离太子港16千米处的海底，震源深度只有10千米。这次地震是海地自1770年以来最严重的一次大地震。这次地震发生不久，海地又相继发生了震级分别为里氏5.9级和5.5级的地震，使海地这个西半球最贫穷的国家又雪上加霜。在这次地震中，首都太子港及全国大部分地区都受到了十分严重的影响，数百栋建筑坍塌，而仅仅强震就造成高达30万人死亡，这也是目前死亡人数最多的一次地震，超过了2004年印度洋大地震时的死亡人数。太多的遇难者尸体被埋在碎石下，在高温中散发出腐臭，为此一些幸存者开始自发地收集尸体，并将其公开火化。地震发生后第10天，一些国际组织发现呼吸道感染、破伤风、腹泻、流脑等疾病流行在灾区，首都太子港在短时间内就变成了人间地狱，哀鸿遍野，政府机构瘫痪，社会动荡不安。

从历史和现实上看，海地这次地震并不是地震史上最严重的一次，但为什么会造成历史最高的伤亡呢？贫穷、内乱和环境破坏是海地震后社会灾难的总根源。海地是世界上最贫穷的国家之一，当地的经济发展并不快，本来就有75%的人生活在贫困的状态下。在全国范围内，自来水可谓是宝贵的资源，仅有20%的居民能用上自来水，教育程度也很低下，文盲率高达80%，再加上当地动荡的政局，使得政府根本没有时间和精力制定出有效的建筑物标准，更谈不上监督建筑物的建造。海地的大部分建筑物几乎不具备抗震和防飓风的能力，60%的建筑物存在倒塌风险。海地总统府以及联合国维和部队总部也在地震中成为废墟。

此外，海地过度的砍伐使得森林资源急剧减少，植被也被严重破坏。生态环境的恶化使得震后山体滑坡、泥石流等次生灾害频频发生，加之首都太子港的人口过度密集，这也是地震灾难扩大化的原因。

这次地震不仅破坏严重，而且造成联合国驻海地稳定特派团总部大楼倒塌，当时正在楼内与联合国官员举行商谈的中国4名公安部赴海地维和工作组人员及4名中国驻海地维和警察全部遇难。2010年1月18日，中国公安部设立了悼念堂，和社会各界人士一起缅怀在海地地震中牺牲的8名维和英雄，并且各大网站也纷纷开设了专题进行悼念，寄托人们对故去勇士们的哀思之情。

2011年日本大地震

2011年3月11日，日本当地时间14时46分，日本突然发生了里氏9.0级地震，震中位于宫城县以东太平洋海域，而震源深度仅有24.4千米。在3月11日经受了强震之后，日本又发生了至少168次里氏5.0级以上的余震。截至2011年5月1日，大地震及其引发的海啸对当地人们的生命安全造成了极大的威胁，已确认造成了14 616人死亡、11 111人失踪。当然，这次地震对日本的经济也带来了很大的危害。依据美国国家航空航天局收集的资料统计表明，这次强震促使日本本州岛向东移动了大约3.6米，而这次移动导致日本约443平方千米的领土在地震和海啸后沉入水中，这对地理面积本来就狭小的日本来说无疑是雪上加霜。

美国地质勘探局认为这次地震的发生是由太平洋板块和北美板块的运动所导致的。太平洋板块每年相对于北美板块向西运动数厘米，而且板块又在日本海沟俯冲入日本下方，并向西侵入亚欧板块。

由于位于地壳板块交界处，日本自古以来火山、地震等地质活动就比较频繁，历史上发生的造成重大伤亡的地震也不计其数。进入20世纪之后，1923年9月1日日本经历了第一次重大地震。这次地震发生在日本关东地区，震级达到里氏7.9级，最终造成14.3万人死亡，200多万人无家可归，而经济损失高达65亿日元。之后，1927年3月7日，日本西部京都地区发生的里氏

7.3级地震，也造成了很严重的损失，酿成了2925人死亡的惨剧。六年之后的3月3日，日本本州岛北部三陆地区发生了里氏8.1级地震，最终造成3008人丧失生命。日本西海岸鸟取县也发生过里氏7.2级地震，那是在1943年9月10日这天，最终造成1083人死亡。距离上次地震还不到一年的时间，日本中部太平洋海岸发生里氏7.9级地震，造成将近1000人死亡。紧接着，1945年1月13日，日本中部名古屋附近发生地震，据报告为里氏6.8级，最终造成2306人死亡。1995年1月17日，日本西部神户市及附近地区发生里氏7.3级地震。震中靠近神户、大阪等日本重要的大城市，这是在关东大地震之后发生的最严重的一次地震，而受灾最重的要数神户市。在这个地区，近万栋建筑物被摧毁，6400多人丧生，2万多人受伤，经济损失严重，达到了10万亿日元。进入21世纪，日本的地震并没有停息，2004年10

▼神户港

月23日，日本中部新潟发生里氏6.8级地震，幸亏没有造成严重的人员伤亡。2011年3月9日，日本本州东海岸近海发生了里氏6.2级地震，这次地震被认为是2011年3月11日大地震的"前震"。

2011年3月11日大地震之后，在日本全国至少有20座活火山出现了活跃现象。这些活火山分布的区域十分广泛，包括关东及中部日光的白根山、富士山、箱根火山、烧岳山、伊豆大岛山、九州阿苏山、诹访濑岛山等。3月15日，富士山西南部18千米处发生了里氏6.4级地震，富士山西南30千米处的箱根火山周围也连续发生地震，最大达到里氏4.8级。

2011年的这次地震触发了大海啸，造成了重大的人员伤亡。地震引发的海啸是日本有史以来最大的一次，东京大学地震研究所根据现场调查发

▲核反应堆模型

现，从岩手县野田村到宫古市长约40千米的海岸线上多数地方的海啸浪高都达到20米以上，其中5个地点超过了30米，在岩手县宫古市姊吉地区达到了38.9米，超过了日本明治三陆海啸保持的38.2米纪录。

日本此次地震还导致了核泄漏事故。在地震中，福岛第一核电站、福岛第二核电站、女川核电站、东海第二核电站都受到影响，其中福岛第一核电站受损最为严重，核电站反应堆发生故障，导致大量放射性物质泄漏，第一核电站的1号至6号机组全部永久废弃。针对日本的核泄漏事故，法国法核安全局最先将日本福岛核泄漏列为6级。2011年4月11日16时16分，福岛再次发生里氏7.1级地震，日本再次发布海啸预警和核泄漏警报。4月12日，日本原子能安全保安院根据国际核事件分级表将福岛核事故定为最高级别7级。

日本的福岛核电站爆炸事故引起了全球对核电的关注。在核事故之后，中国已经暂停审批核电项目，并且开始着手全面安检核设施。同样，通过日本的这次爆炸现象，欧盟国家的核电政策也发生了巨大的变化和调整。在日本发生爆炸事件之后的第三天，欧盟在布鲁塞尔召开核能安全紧急会议，商讨的主要问题是在未来是否有可能实现无核能的能源利用开发。虽然荷兰、法国、马来西亚、意大利等国表示，日本核电站事故的教训值得吸取，但此次事故并不会对他们本国发展核电的计划造成影响。

针对这次日本在地震方面的应对，澳大利亚地震学中心认为日本在应对破坏性海底地震时已经付出了巨大的努力，措施相当得力，而且做得比世界上绝大多数国家都要好。1995年的阪神大地震后，日本就开始采取很多措施为将来可能发生的地震做准备，这些准备措施也起到了一定的作用。这些有效的措施包括桥梁施工时使用改进的方法使其更有利于抗震，以及赋予更多的职权给国民自卫队，以促使他们能够更迅速地做出反应，开展救援行动。在日本气象厅中，还拥有全球首个早期地震预警系统。该系统可以清晰地检测到地震震中附近的震波，从而通过国家电视台和广播电台发出相关的预警信息，让日本民众提前得到预警，做好准备，甚至还能将这些信息一一地发送到日本民众的手机上。地震时期，每次新的余震来临前，预警系统都会发出警告提醒民众。

2011年的日本地震也让全球人见到了日本临震不乱的国民秩序。日本人对地震具有强烈的危机意识。他们在日常生活中，重物一般不放在高处，而放在柜子里或地上。在日本，家家户户每时每刻都储备着防灾袋，里面的东西都很轻，以便一旦发生地震，拿起来就快跑。在每户日本人家中，都能够发现一张地区灾害避难场所的地图。在这张地图上标明了这个地区的一些避难场所，方便人们在发生洪水、台风、山崩、海啸时快速找到避难所。此外，日本各地均有一个为地震而设的公共设施——防灾馆，不少地区的防灾馆还设有"灾难模拟设施"，可以让市民在现场体验"灾难"发生的过程。其"地震"场景可以模拟里氏5.0级以上的震感，体验者在模拟灾难场景中的表现会被记录在场景之外的电子大屏幕中，供体验者回顾和参考，以不断提高在灾害中的逃生技能。通过反复演练，日本人在地震发生时能迅速地做出正确的反应与判断，并且保持比较平和的心态。

人类利用地震波

海底地震在人们的心目中，总是与"黑色记忆""恐怖"等词相联系，其实，海底地震也因为其特殊的发生机制而得以让人利用。在过去的近百年里，人类利用海底地震重新认识地球内部构造，利用地震波勘探海底蕴藏的矿物、进行国防建设等。

探测地球内部

人们挑选瓜果时都有一个经验，用手拍打瓜身，根据发出的声音便可以判断此瓜的成熟情况，这是因为不同的瓜震动时发出的音调和音色不同。

迄今为止，地震波是唯一能够贯穿地球的波动。地震波的原理与听瓜声有着很大的相似性，只不过地球不能按人们的要求在特定的区域发生地震，所以有时候需要通过人工地震手段让地球震动，而科学家们的任务就是记录和"倾听"这些来自地球内部震动的交响乐的同时，并以此来作为判断地球内部结构和状态的依据。

我们知道，震源所发出的地震波通常会经过地球介质向各个方向传播，从而人类可以通过地震仪在世界各地记录到地震波。20世纪初，地震学家发现，大地震发生后，在距地震震中50千米处记录不到地震P波。人类对地球的认识从这一发现开始发生了质的改变。他们猜想，地球是一个具有分层结构的球体，地球内部有一个地核，地震P波到达那里产生了折射。这一大胆的猜测伴随着各国科学家们的努力而得到了验证。

1900年，英国地球物理学家奥尔德姆发表了《地震波的远距离传播》的重要论文，6年之后，他又发表了《用地震学方法揭示地球内部构造》的经典著作，对地球内部构造作了精细而科学的推断。这对现代人们研究地壳和地震有着十分重要的作用，并且其中的观点已全部得到验证。

1911年10月，克罗地亚地球物理学家莫霍洛维奇在萨格勒布气象台注意到某些地震波到达观测站的时间比预计的要早，因此他推断地球的结构是分层的。由于向地球内部传播的震波的速度远远快于沿地壳传播的震波的速度，所以他认定地球的最外层地壳是覆盖在一层质地比较坚硬的岩层之上，而且两层之间不是逐渐过渡开来，而是有着非常明显的划分间断面。他算出这个间断面处于地下56千米处，地震波在间断面以上物质的平均传播速度为每秒5.6千米，以下物质的速度为每秒7.8千米。后来又一次发现，无论是在海洋底部还是在大陆上，绝大多数地区都存在着这个间断

▲自动气象站

面。事实证明，当年莫霍洛维奇的发现和计算完全正确。现在人们把这个分界面叫作莫霍面，它位于海平面以下16~65千米之间的地方，平均深度可以达到30千米，现在莫霍面已被公认为地壳和地幔的分界面，在莫霍界面以上的部分通常被称为地壳，其以下的部分被称为地幔。

1914年，地震学家古登堡首先发表了一个关于地震波阴影区的理论，他发现这个阴影区存在于距离震中11 500~16 000千米的范围内，他将这个阴影区解释为地核的存在。后来他又发现自莫霍面向下，在地下2885千米处纵波速度由每秒13.64千米突然降为每秒7.98千米，而横波至此完全消失。并且在这个不连续的面上，地震波会出现十分明显的反射、折射现象，由此他判定地幔与外核之间存在着一个间断面，而这个间断面就是这两个部分的分界面。人们现在将这个分界面称之为古登堡面，其深度经后人测定为2900千米，与古登堡测定的数值没多大差异。

1936年美国物理学家赖曼通过对体波"影区"的进一步研究，发现了在液态的地核中并非没有其他物质，还存在着一个固态的地球内核。

1996年，中国旅美学者宋晓东发现地球的固体内核在自转，他是通过对历史上地震波穿过地球液体核和固体内核的数据进行对比而得出的结论。虽然早在二三十年前科学界就已经出现了这种推测，但是一直没找到科学的依据，而宋晓东却将这一推断变成了真理，也是发现这一真理的第一人。不仅如此，他还发现地球内核的旋转速度每年要比地幔和地壳快0.3~0.5度，也就是说，地球内核的速度要比地球表面构造板块的运动速度快5万倍。这一发现对于科学家们解释地球磁场是如何产生的起到了很大的作用。因此，这个发现被评为该年度美国十大科学新闻之一。

人类利用地震波的另外一个重要方面就是勘探。利用地震波勘探的原理在于地下的介质存在弹性及密度上的差异，当地震波向地下传播时，遇有性质不同的介质，地震波将发生反射与折射，而这些反射、折射现象将被置于地表或井中的检波器接收到。通过分析这些地震波，人们可以推断地下岩层的性质和形态。各种矿产资源在构造上都会具有某种特征，如石油、天然气只有在一定封闭的构造中才能形成和保存。地震波在穿过这些构造时会产生反射和折射，通过对地表上接收到的信号进行认真的分析，就能够对地下岩层的结构、深度、形态等作出相应的推断，从而也就可以为以后的钻探工作提供准确的定位和依据。由于地震波勘探具有其他物理勘探方法所无法达到的精度，所以在矿产资源和石油的勘探中，用地震波进行勘探是最主要和最有效的方法之一。

利用地震波勘探并不是现代人的首创，其历史可以追溯到19世纪中叶。早在1845年的时候，马利特就曾用人工激发的地震波来测量地壳中弹性波的传播速度。这可以说是地震波勘探方法的萌芽。第一次世界大战期间，交战的双方都想要测定出对方的炮位，于是利用重炮后坐力产生的地震波来做出判定。到了1921年的时候，卡彻将反射法地震勘探投入实际应用，在美国俄克拉荷马州首次记录到人工地震产生的

勘探海底资源

清晰的反射波。1930年，通过反射法，在美国俄克拉荷马州地区发现了3个油田。20世纪20年代，德国的明特罗普利用地震波勘探在墨西哥湾沿岸地区发现很多盐丘。1951年，中国开始进行地震波勘探，并将其应用于石油、煤田、金属矿、天然气资源勘察以及工程地质勘察上。

利用地震波勘探的方法主要包括反射法、折射法和地震测井。地震波在其传播过程中，会遇到不同性质的介质，而这些介质都是岩层界面，于是此时一部分能量就被反射，而另一部分能量透过界面继续传播。反射波的到达时间与反射面的深度有关，因此在大洋调查中，反射波地震资料会被用于揭示海洋沉积层的厚度与结构，并会作为深海钻探的依据。折射法是利用地震波的折射原理，对浅层具有波速差异的地层或构造进行探测的一种地震波勘探方法。当穿过的分界面的波速不同时，波会自动地改变原来的传播方向而产生折射现象。当下层介质的波速比上层介质的波速大得多的时候，再加上波的入射角等于临界角，折射波就会沿着分界面以下层介质中的速度"滑行"，也就是说它会选择速度快的下层介质速度，而不是跟随上层介质的速度传播。这种波会以折射波的形式传至地面，并且沿着界面传播的"滑行"波也将引起界面上层质点的震动。地震折射波法常用来探测

▲海上勘探

覆盖层的厚度、基岩起伏、断层和古河道的分布等水文工程地质问题。地震测井是将震源设于井口附近，检波器放在钻孔内，据此测量井深及时间差，计算出地层平均速度及某一深度区间的层速度，这种方法可以详查钻孔附近地质构造情况。

不管是哪种方法，都离不开如何激发地震波、地震数据的采集及解释记录到的地震波数据这三个问题。

过去为了研究地震波，人们会选择在海洋中使用人工炸药激发地震波，而这种震源常被称为炸药震源。但在海洋中使用炸药有其不足，一来安全性差，对鱼类杀伤严重，二来无法满足高效率数据采集的技术要求。

现在，人们改良了地震波的激发方法，广泛使用的是非炸药震源，主要有空气枪震源、蒸汽枪震源、电火花震源和电磁脉冲震源。

空气枪震源通过气枪将高压空气在极短的瞬间送入水中，其形成的水泡在水中发生膨胀与收缩相交替的震荡，由此激发地震波。蒸汽枪震源是在海水中释放高温蒸汽来产生震波，但蒸汽遇水后会散热冷却立刻变成水，因此不能重复产生冲击。电火花震源则是利用电容器将其所储藏的电能加到预先放置于水中的电极上，由于放电效应产生火花造成震动。这种震源的地震能量并不高，通常用于浅海地震勘探。还有一种电磁脉冲震源，这种震源是利用电磁感应的方法，从而使振动器在水中发生脉冲震动。电磁脉冲震源具有能够连续发射、易于控制的特点，但是它的能量相对比较微弱，适用于海底浅层沉积的勘探。因此，在测量中应注意根据不

▲地震波可以探测断层地质问题

同的目的和任务进行震源选择。

地震数据采集系统主要是由检波器和数字地震仪所组成的。检波器是埋置于地下的装置，它能够将地震波引起的地面震动迅速地转换成电讯号，并通过电缆等传输材料将电讯号送入地震仪。数字地震仪则会将接受到的电讯号放大，随后经过转换器转换成二进制数据、组织数据、存贮数据。

地震数据分析是指对接收到的震动信号进行处理、解释，根据信号的频率、振幅、速度等信息分析不同深度地层的属性、构造的形态等，从而初步判断是否具备生油、储油条件，最后提供钻探的井位。

地震勘探也存在着难以解决的问题，比如如何提高分辨率，高分辨率有助于对地下精细的构造进行研究，从而对地层的构造与分布有更为详细的了解。

监测核爆炸

人们通过记录远距离爆炸产生的地震波来测定爆炸的位置和大小，可以很明确地区分出到底是天然地震还是地下核爆炸发出的，这也是20世纪60年代以来地震学研究方面的一个重要的应用。从这一个角度来说，利用海底地震可以为国防建设服务。

许多时候，科学的进步往往呈现两面性，一方面给人类带来进步，一方面也给人类甚至地球带来毁灭危害。人类对海底地震等地质现象的研究中，同样存在着这样的情况。

20世纪50年代，美苏为了增强实力进行核军备竞赛，频繁进行核爆试验。在1945年的时候，美国进行了世界上的首次核试验，随后苏联和英国分别在1949年和1952年也进行了各自的首次核试验，这引起了世界各国人民的普遍关注。核武器具有极大的破坏性，因此许多国家发出了禁止核试验的呼声。

1958年，各国有关方面的专家在日内瓦聚会，讨论的问题就是禁止大气层核试验。探讨和磋商的过程并不是一帆风顺的，因此经历了很长的时间，1963年美国、苏联和英国这三个最早掌握核弹技术的国家联合签署了《部分禁止核试验条约》，想要依此条约禁止在外太空、大气层中及水下进行核爆炸试验。1996年9月10日，联合国大会对《全面禁止核试验条约》进行投票，最终以158票赞成、3票反对、5票弃权的压倒性多数票通过了此项禁止所有核试验爆炸的全球条约，并于1996年9月24日在第51届联大上开放供所有国家签署。截止到2000年11月，世界上已经有160个国家正式签署了此项条约。

然而，条约签署国仍然在进行核试验，只不过转入了地下。因此，地下核爆炸地震侦察工作越来越受到世界各界的关注。它不仅拥有重要的政治和军事意义，而且也会对地震学本身的发展起推动作用。

现在这方面也面临着一个共同问题，那就是如何有效地监测全球地下核爆炸，这正是地震学的用武之地，不管是地下核爆炸还是天然地震都会产生地震波，并且都会在各地地震台的记录上留下痕迹。好在用于监测地震的传感器能够胜任监测爆炸的任务，记录核爆炸产生的地震波与天然地

▲地下核爆

震观测在方法上并没有多大的差别，但是产生的波形却有着很大的区别。根据记录到的波形不仅可以将核爆炸与天然地震区分开来，而且可以详细说明发生时刻、位置、当量等。一般来说，地下爆炸产生的地震波，其记录特征是"大头小尾"，天然地震产生的地震波，它的特征是"小头大尾"。

当然，也有些天然地震波形与爆炸波形十分相似，很难区别。但由于爆炸和天然地震的发生机制是不同的，二者所激发的地震波的能量在不同震型和不同频段的分配也会有所差异。因此用周期为1秒的体波测定的震级和用20秒面波测定的震级相比较，可以很明显地区分出是爆炸还是天然地震。而且通过研究可以发现，天然地震的破裂过程远远要比爆炸复杂得多，所以天然地震的短周期P波谱也会比爆炸复杂。另外，迄今为止发现地下核爆炸源的深度不会超过5千米，如果能够将测定震源深度的精度提高到5千米以内，那么便可以采用震源深度来区分到底是天然地震还是核爆炸了。除此之外，对地震波谱的拐角频率、P波的带宽和横波辐射情况等因素的分析也有助于判定是否是核爆炸。

但是，要知道监测核爆炸也绝非易事。全球每天都有种类繁多的地震和化学物质爆炸等非核爆炸现象产生的地震波信号，每天产生的地震记录就高达600次。这些数量庞大的地震会对监测网络产生大量无用的数据，并且进行着干扰。再者，核爆炸试验也可以通过改变试验地点的地理条件来减弱产生地震信号的强度。这种种困难都让核爆炸的监测变得更加复杂。

前苏联地理学家观察到，在地下核爆炸发生几天之后，有时在几百千米之外会有地震发生。于是科学家们考虑研制出一种地震炸弹来，而这种地震炸弹能够在地下发生爆炸，从而造成地震和海啸。这是一个多么可怕的念头！当这一个念头产生之后，他们先后在前苏联各地共爆炸了32颗核弹，从而收集了大量的相关数据，最终通过试验结果表明，核爆炸的确可以引发地震。在1988年的时候，亚美尼亚发生里氏6.9级地震，最终造成4.5万人死亡，这次地震就被一些科学家认为是核爆炸引起的。他们相信这次地震是一周前3200千米外的一个试验场进行的一次地下试验性核爆炸而引起的。

如果以上科学家们的猜测是正确的，那么核爆炸不仅仅是能引发地震这么简单，它能引发破坏性极大的地震。据科学家的估算，一颗10万吨级的核爆炸就可以诱发里氏6.1级地震，而地震本身的破坏力远超过核爆炸引起的破坏，也难怪科学家们称之为"地震武器"。可以确定的是地震武器的破坏作用并非是直接体现的，而是通过其诱发的自然灾害而间接实现的。诱发性爆炸大多在距受攻击点几百千米甚至几千千米远的地下进行，因此很难被对方觉察到，可算得上是一种高明的策略。

就目前的情况来看，地震武器真正用于实际战场

地震武器

还存在许多技术性难题。一是谁也不会允许敌国深入自己国家领土来布设能引发地震的核武器，而在本国领土上进行核爆炸将带来很大的副作用，也会不同程度地污染本国的生态环境。第二个难题是地震武器的使用还无法完全被人类把握。从核爆炸到诱发大规模地震需要一段时间，这段时间究竟是多少，还不能精确地计算出来，如此，地震武器就有可能贻误战机。第三个难题是地震武器的造价问题。据科学家估计，要想建造一个完整的地震武器系统所需要的实际费用大约为15亿美元，相当于制造100架最新式战斗机的价钱，因此与其他常规性武器相比，制造地震武器实在太贵了。

海底地震的影响

海底地震会引发令人恐怖的海啸和海底火山喷发，造成新的灾害伤亡。撇开海底灾害对于人类的影响，海底地震对海底地貌、地球自转等也产生着奇妙的影响。同时由于海底地震而沉没的海底城市，在经历了几千年被人类发现之后，更是激起了人类探索海底文明的热潮。

引发恐怖海啸

对于发生在海洋里的地震来讲，伴随而生的灾害中最具破坏力的就要数海啸了。因此，在了解海洋地震的同时，也应该对海啸有一定的了解。海啸可以分为4种类型，即由气象变化引起的风暴潮、火山爆发引起的火山海啸、海底滑坡引起的滑坡海啸和海底地震引起的地震海啸。地震海啸通常是指海底发生地震的时侯，海底地形会出现急剧的升降变动，自然而然会引起海水强烈的扰动。在很多人的眼里，海啸远不如地震那么"轰轰烈烈"，其实，海啸的威力也是十分强大的，所造成的损失往往会高于地震本身。2004年，在印尼苏门答腊附近海域发生的强地震所造成的直接损失并不大，但其引发的海啸却给当地造成了十分严重的损失，导致印度洋沿岸十多个国家20多万人死亡或失踪。

"海啸"一词源自日语中的"津波"，"津"即"港"的意思，"津波"的意思也就是"港边的波浪"，这也显示出了日本是一个经常遭受海啸袭击的国家。

不是每场海底地震都会引发海啸，只有具备了海啸发生的几个条件才行。首先，地震震级要足够大，这样才能够激发海平面至海底的整个水体出现波动；其次，当海底地震为倾滑型地震时，这种地震容易激发海啸；再次，海底地震的震源如果很深，那么也不

▲地震常引发海啸

会出现海啸，震源浅才易激发海啸。综合以上的几个条件，海啸通常是由震源在海底50千米以内、里氏地震规模达到6.5级以上的海底地震所引起的。历史上，大多数发生在板块俯冲边界的海底大地震最容易引发海啸。

从本质上来讲，海啸是水面受到扰动之后，在重力作用下向外传出的波动。因此海啸与海面上的海浪是不同的，一般情况下海浪只会在一定深度的水层中出现波动，而地震所引起的水体波动则是从海面到海底整个水层的不断起伏。海啸的波长很大，比海洋的最大深度还要大，因此，这种波动即便是在海底附近传播也并无很多明显的阻滞，不管海洋深度如何，波都可以顺利地传播过去。海啸的传播速度与水深有着直接的关系。海啸在海洋的传播速度是每小时500~800千米，单单是相邻两个浪头的距离也可能远达500~650千米，如果以这种速度传到浅海后，水深会变浅，再加上与海底出现摩擦，其传播速度往往会减慢，由此会引起水体的堆积，这种堆积往往会使海洋表面急剧变化，波高可以达到数十米，最终形成一道"水墙"。

历史上从来就不乏海底地震引起海啸灾难的例子。1498年9月20日，日本东海道里氏8.6级地震引发了最大波高为20米的海啸。据静冈县《太明志》记载，这次海底地震引发的海啸在伊势湾冲毁1000栋以上建筑，总共造成2.6万人死亡。1896年的日本三陆大海啸是由里氏7.6级的地震引起的，死于海啸的人数超过了2.7万。更为恐怖的一次海啸是发生在1923年的日本关东大地震之后，大地震引发的海啸最终造成8000余艘船只被淹没，5万多人被淹死。而在1755年11月1日的里斯本附近海域，发生强烈地震后没有多久，海岸的水位突然出现了大退落，随后露出了整个海湾底，人们自然不知道这是海啸的前兆，因为好奇，便纷纷下到海湾底去探险。然而没过几分钟的时间，滔天巨浪直冲海岸，城市瞬间被淹没，几万居民无一生还。1783年2月5日，发生在墨西拿海峡的地震海啸使墨西拿城遭受灭顶之灾。墨西拿城直接死于地震和海啸的人达3万多。1908年12月28日，墨西拿海峡再次发生里氏7.5级地震，同时引发海啸，造成墨西拿8.5万人死亡。1946年4月1日，在距夏威夷3750千米的阿留申群岛附近海底发生了里氏7.3级地震，地震引起了大海啸，海啸摧毁了夏威夷岛上的488栋建筑物，最终造成159人死亡。1978年7月17日，西太平洋俾斯麦海区发生了里氏7.1级强烈地震。之后一切似乎恢复了平静，住在那一带的近万村民根本不知海啸灾难即将来临。几十分钟后，村民听到一种异样的隆隆声由远而近，以为是一架喷气式飞机飞临，都纷纷出来看热闹，然而事实上是一个20千米长、10米高的巨浪呼啸而来，西太平洋上这座风光迷人的度假乐园就变成了人间地狱。仅仅几分钟，7个村庄顿时被海浪淹没，7000多人死亡或失踪。

地震引起的海啸，破坏力令人不寒而栗。但值得注意的是并不是所有地震都会引起海啸。就拿海底地震来讲，很多时候都是由板块水平滑移断裂造成的地震。这种地震现象并不会造成水体抬升，因此不会引起海啸。根据中国地震局提供的统计资料显示，在1.5万次海底构造地震中，大约只有100次能引起海啸。因此，我们不必闻"海底地震"就色变。

激活海底火山

谈到海底地震，必然牵连到的一个话题就是海底火山。海底火山不论是死火山还是活火山，统称为海山。海山大小不一，大部分都是一两千米高的小海山，超过5千米高的海山十分稀少，能够露出海面的海山（海岛）更是屈指可数。

在深深的海底，分布着很多的火山。据相关资料统计，全世界共有海底火山约2万座，其中太平洋就占到了一半以上。这些火山中有的已经衰老死亡，有的正处在年轻活跃的时期，有的则还在休眠中，不知什么时候会再次苏醒喷发。在现有的活火山中，除了少量零散位于大洋盆外，绝大部分的火山都分布在岛弧、中央海岭的断裂带上，从而呈带状分布，被统称为海底火山带。太平洋周围的火山会不断释放出能量，这里的火山所释放出来的能量约占全球的80%。

2011年3月11日日本发生里氏9.0级地震后，境内多座火山也开始活跃起来，引发了火山可能大规模喷发的担忧。科学界已经发现大地震与火山喷发之间具有相关性，但这种关联并不总是存在。

由海底地震引起的火山喷发，在记录中很少，仅有几例相关的记载。1960年5月22日，智利发生了里氏9.5级的强震，而主震却发生在38小时后，这次地震导致智利中部沉寂了25年的普耶韦—科登·考列火山爆发。在地震后的48小时里，位于震中东南150千米外的普耶韦火山猛烈地爆发了。在火山的西北面，有一条长约14千米的断裂带，在这个断裂带上有28个喷出口，每个喷出口都在不断地流溢炽热的熔岩，并且持续了几个星期之久。而在1975年11月29日，美国夏威夷地区发生了里氏7.2级的地震。地震结束后，附近的基拉韦厄火山发生了小规模的短暂喷发。2010年10月26日，苏门答腊岛西部海域发生了里氏7.0级以上的强震后，默拉皮火山多次喷发。

尽管并不是每一次地震都会引起火山喷发，但科学家们认为地震能以两种方式"激活"火山：一种是地震中传到地面上的能量波打破了岩浆池上部的最坚硬部分，最终导致熔岩泄漏，火山喷发；另一种方式则是海底地震直接导致火山岩浆中出现气体移动的现象，从而引起爆炸性喷发。由于岩石圈以下的平均温度原本是低于岩石熔点的，所以说在绝大部分地区的地下是不存在岩浆的。但是岩石的熔点也会发生变化，它会随着压力的增大而逐渐提高，如果一旦出现了地壳构造的运动现象或者是其他因素发生了变化的时候，就会促使某处出现较高的热量聚积或压力降低，因此，那里就会产生岩浆。岩浆中有易挥发的物质，比如说过热的水、碳酸等，当这些物质逐渐增多，而压力也在不断增大，到了一定的程度之后，就会沿岩石的裂隙冲向地表，形成火山喷发。

地震和火山之间还可以相互作用。火山喷发时，地下岩浆的运动会导致岩石破裂，便会引发与地震表象类似的震动，不过这些震动规模一般不会太大，震动的范围也都在火山周围约32千米以内。所以说，地震与火山喷发往往被认为是地壳运动的孪生姐妹。

催生海底新景

在研究海底地震的同时，随着对海底水域的不断巡查，一个全新的发现引起了全世界的关注。1977年，美国将"阿尔文"号深潜器放置到加拉帕戈斯群岛的深海之中，意外地发现了深层海水比旁边的水都要热一些，测得深层海水的温度竟然高达8℃，同时海底还出现了白色的巨型蛤类，这种奇特的现象引起了专家们的关注。两年之后，"阿尔文"号又来到这片海域，在同一地点的海底熔岩上，竟然发现了数十个冒着黑色或白色烟雾的"烟囱"。这些令人恐惧的海底巨大"烟囱"时刻都在喷发着高温气体，让人不由得联想到工业化城市的废墟，但是随后一系列针对海底黑"烟囱"的研究表明，事实并不像人们想象的那样。

科学家为我们描述了一幅海底"烟囱"的新图画：在全球大洋的底部，拥有着长达4万千米的大洋中脊，这些大洋中脊首尾相接，在大洋中脊上有浓密的黑烟不断地喷发出来，在"烟囱"的周围却活跃着蓬勃的嗜热微生物。这些生物在科学上有着专业的称谓，即化学自营生物，它们多是以热液中的无机物质为生。许多生物学家臆测，它们可能代表地球最早期的生命形态，因为这些微生物并不依靠阳光和氧气来合成生命物质，而是依靠这些无机物质通过化学反应合成生命物质。这一发现打破了人类长期以来的认

▲海底世界

识。

其实，早在1871年，达尔文就提出过一个"热的小池子"的概念。他认为："生命最早很可能在一个热的小的池子里面。"后来，这个"热的小池子"就被很形象地称作"原始汤"。但是受到当时条件的限制，对于"原始汤"的研究却一直没有进展。直到100多年之后，在1977年的时候，对黑"烟囱"的发现才验证了"原始汤"的猜想。

海底黑"烟囱"的形成也是需要具备一定的条件的，它主要与海水及岩石中金属元素在地壳内参与的热循环有关。由于新生的大洋地壳温度比较高，海水会沿着裂隙向下不断渗透，渗透的深度可达到几千米。在地壳深部加热升温的情况下，海水溶解了周围岩石中多种金属元素，随后又会沿着裂隙发生对流上升，并喷发出烟气，而由于矿液与海水成分及温度有巨大差异，于是形成浓密的黑烟。

目前，在太平洋、印度洋、大西洋的中脊和红海分布着许多正在活动的和已经死亡的"烟囱"。那么为什么海底热泉出现最多的地方是在大洋中脊这个部位呢？原来，大洋中脊本来就是多火山和多地震的区域，岩石破碎程度比较强，因此，海水通过破碎带向下渗透也就变得十分顺利。当冷海水渗入里面之后，受到热气的影响，会以热液形式从海底泄出。因此我们可以说，海底"烟囱"在某种程度上是由海底地震催生而形成的。

黑"烟囱"的发现具有很重要的意义，它为我们打开了一扇通向科学前沿的大门，化学自营生物丰富了生命形式和复杂程度，人们对生命起源的探究又前进了一步。同时，通过对这些生物的研究，我们能更加清楚地了解古代地球上生命的萌芽以及极端环境下生命的发展。

影响自转速度

如果不是科学家的发现与研究，我们可能不会发现，海底地震对地球自转的速度也会产生影响，也就是说，我们一天的时间正悄悄地发生着不被人察觉的变化。

大型的地震能改变地球质量的分布，使地球自转的假想地轴发生倾斜，由此地球的转速就会发生改变。

在美国和意大利，有一些地球物理学家指出，发生在2004年印度洋的里氏9.0级大地震导致地球的转轴移动了6厘米，使每天的时间缩短了6.8微秒。2010年智利里氏8.8级地震导致地球的转轴移动了8厘米，从而让人类一天的时间缩短了1.26微秒。2011年日本地震导致地球转轴偏移了近10厘米，使我们的一天缩短了1.6微秒。尽管改变微乎其微，但这个改变是永久性的。

事实上，地球自转并不是非常精确，地球上发生的变化，比如潮汐、地下水改变以及火山地震等都有可能影响地球的自转，它经常会出现减速或者改变旋转速度的情况。当这些变化积累到一定数量时，天文学家就会在公历年末增加一个"闰秒"。

为什么要在年底增加这一秒呢？科学上有两种时间计量系统，分别是基于地球自转的天文测量而得出的"世界时"和以原子振荡周期确定的"原子时"。在时间的概念中，"原子时"是相对恒定不变的，而

▲地震影响地球自转速度

"世界时"会受到地球自转不稳定性的影响，从而会带来时间上的差异。一般来说，这两种时间尺度在速率上1~2年会差大约1秒时间。近几十年来，按照对已知的差异进行必要的测算，发现大约在5000年后"原子时"会比"世界时"快1个小时，所以此时就要借助"闰秒"来进行调整。在1971年的时候，国际计量大会通过了使用"协调世界时"的方式来计量时间的决议。这种方法具有很强的准确性，当"协调世界时"和"世界时"之间的差距超过0.9秒的时侯，国际地球自转服务组织就会将"协调世界时"拨快或拨慢1秒，这种行为使得"世界时"更加准确。

中国对于闰秒的调整也有固定的时间，通常是在1月1日的早晨。在一般情况下，调整的方式是从7时59分59秒直接调到8时整。中国时钟拨慢是这样进行的：7时59分59秒、7时59分60秒、8时00分00秒。国家授时中心对这一秒钟的调整，往往是通过调整时间频率发播监测控制站的时号程序控制器来实现的。在授时中心的所有接收时码信息的用户，都能够通过这种方式接收到来自授时系统的这一关于调整的信息。也许有人会说，差了一秒钟又怎么样呢？一秒钟的差距对我们的日常生活也不会有太大的影响。而事实上，这"一秒"对航天、电子通信、全球定位系统等领域是至关重要的，几十亿分之一秒的误差也可能导致重大问题。

所以，鉴于这"一秒"的重要性，海底地震对地球自转速度的影响也是不能忽视的。

书写海底文明

海底地震以摧枯拉朽之势袭击海边城市时，也造成了历史的偶然。城市建筑完整地沉入海底，历经几百上千年之后，重新被深入海底探索的人们发现，而这些沉没的建筑群体，也构成了海底新的景观。

（1）亚历山大灯塔。

公元前280年的一个夜晚，一艘埃及的皇家婚船在驶入亚历山大港时不幸触礁沉没了，船上从欧洲娶来的新娘及皇亲国戚全部葬身大海。这一令人震惊的悲剧发生后，埃及国王托勒密二世下令在港口的入口处修建导航灯塔。经过40年的努力，在法洛斯岛的东端，竖立起一座雄伟壮观的灯塔，此灯塔位于距离岛岸7米处的石礁上，人们将它称为"亚历山大法洛斯灯塔"。

当亚历山大灯塔建成后，它以约135米的高度当之无愧地成为当时世界上最高的建筑物，比当今世界上日本横滨港灯塔还要高29米。它的设计者是希腊的建筑师索斯查图斯。这座无与伦比的灯塔从建成点燃起，直到公元641年阿拉伯大军征服埃及，火焰才熄灭。这个灯塔燃烧了近千年，这是人类历史上从未有过的。一位阿拉伯旅行家对这一灯塔做出过记载，他在旅行笔记中写道："灯塔是建筑在三层台阶之上，在它的顶端，白天用一面镜子反射日光，晚上用火光引导船只。"

▲灯塔

　　亚历山大灯塔的建造材料主要采用的是花岗石和铜，高达120米，加上塔基，整个高度约135米，面积约930平方米。塔楼由三层组成：第一层是方形结构，高60米，里面建有300多个大小不等的房间，这些房间有的用来存放燃料，有的用来当作机房和工作人员的寝室；第二层是八角形结构，高15米，八角方位上立起八根石柱，共同支起一个圆形塔顶；第三层则是圆形结构，是用8根石柱围绕而成的，每根柱子都高达8米，而在灯楼还矗立着一尊8米高的海神波塞冬站立姿态的青铜雕像。

除了灯塔塔顶火焰不灭之说，相传亚历山大灯塔塔顶装着一面金属镜，白天反射阳光，晚上反射月光。有的人认为，在灯室内放着的透明的水晶石和玻璃镜，有着类似于今天望远镜的作用，能够帮助人们远眺接近海岸的船只。有人说它的光芒可以照射到很远，甚至能照射到土耳其的伊斯坦布尔，而且它照到哪里，哪里就能立即燃烧起来，是一面"魔镜"。实情如何，我们已不得而知了。公元700年，亚历山大发生地震，灯室和波塞冬立像塌毁。880年，灯塔修复。1100年，灯塔再次遭到了强烈地震的洗劫，仅残存下第一部分。此时的灯塔失去了往日的作用，最终成了一座很简单的瞭望台。14世纪，在亚历山大地区发生了一场十分罕见的大地震，当时大地用力地摇晃，以巨大的力量摧毁了这座古代世界的建筑奇迹，最终亚历山大灯塔于1480年完全沉入海底，之后下落不明。

伴随着各种猜测，人们对沉没于海底的灯塔兴趣不减。1994年，潜水员竟然发现了灯塔的一些遗迹和残骸，而这些遗迹却位于亚历山大港东部港口的海床上。随后通过卫星，更多的遗址显现了出来。接着，法国和埃及组成了一支联合考古队，这支考古队组建的目的就是对亚历山大灯塔展开考古勘探和探索发掘。他们为了这次水下考古能够顺利进行，做了大量的前期准备工作，包括调查研究有关海域的气象条件、水文状况、海流速度、地质资料以及潜水可能遇到的技术限制等。他们的目标是找到具有托勒密王朝设计风格的灯塔塔基石板，并对这块海域的海底历史文化遗存及分布状况进行整理研究，力求让历史的真相浮出水面。

（2）神秘的"法老"城市群。

地中海边曾经有过一座神秘且极其强大和文明的城市群——"法老"城市群。千百年来，不管是古希腊的寓言还是神话和史诗都先后多次提到过。按照古希腊史诗中的描述，这座"法老"城市群高度发达的文明将同时代世界其他地方的文明远远地抛在后面。不可思议的是，据记载发现，当时这座城市的现代化程度甚至能够达到20世纪城市建设的水平！这里的人们及时行乐，参加文体和娱乐活动，享受着青春和生命。他们也有自己的崇拜，而天上的"星星"便是其中之一。他们经常称自己的祖先来自"神秘的天上"。不得不说，他们的祖先确实充满智慧，为他们留下了神秘的"文明"，因此他们才得以过着这样富足安逸的生活。

古希腊的一些地理学家和历史学家也在自己的著作中对这一"法老"城市群进行了具体的描述，记录了这一城市存在的位置和城市里居民们富庶的生活。比如有"历史之父"之称的希腊历史学家希罗多德在他的作品中就用了大量的篇幅来描绘"法老"城市群中的港口城市伊拉克利翁以及建于该城中的极为壮观的"大力神"庙宇殿堂。而古罗马著名的政治家、哲学家及剧作家则从另一个层面对"法老"城市群进行了描述。他们鞭策了这座城市中居民们奢侈糜烂的生活方式，并且诅咒他们迟早会遭到"神的报应"。传说斯巴达国王梅内厄斯攻入特洛伊城夺得美女海伦归国途中就曾在伊拉克利翁歇脚，而梅内厄斯国王的大力水手"老人星"由于不小心被一条毒蛇咬伤，最终变成了金星。因此，在"法老"城市群中，就有了分别以"老人星"及其妻子"门诺里斯"的名字命名的两座城市。

在2500年前，这样一座不断在文献记载中出现，又有着高度文明的城市群突然神秘地消失了。"法老"城市群的所有城市忽然在同一时间内从历史上永远消失了。最有意思的是，从来没有人提过这个城市群是何时兴起的，本来居住在这座城市中的人又是从哪儿来的，以及他们怎么会忽然拥有了如此发达的文明。更为稀奇的是，不论是在希腊的历史中，还是在埃及的历史上，都没有对这个城市群作出任何的文字记载。这些神秘的迹象引起了人们的猜测，难道历史学家们记载的城市群只是一个美妙的梦境

▼海底探索

吗？那些史诗也在胡编乱造吗？对于这一点，埃及的现代考古专家和学者们持不同的看法。德国考古学家施里曼依据《荷马史诗》的记载，在小亚细亚希沙拉克丘地区发掘出了特洛伊古城。人们便更加相信，不管是在神话传说中提到的还是在史诗描述中有过的"法老"城市群，是真真切切地在地中海史前就存在过。为了找回这个失落的"法老"城市群，世界考古学家们耗尽了心血。

直到2000年，一个由世界顶尖级考古学家组成的专家小组借用现代化技术才在埃及北部亚历山大港海岸发现了"法老"城市群可能的所在地，这也成为海洋考古史上最伟大的发现。一座座完整的房子，富丽堂皇的庙宇，类似于现代化的港口设施，美轮美奂的巨型雕像都被凝固在了海底，并且这座海底之城足足沉睡了2500多年。

在找到"法老"城市群的同时，人们不禁要问，"法老"城市群为何在一个晚上消失不见了呢？根据目前发掘的文物判定，"法老"城市群应该修建于公元前7世纪或者公元前6世纪，因其地中海港口的非凡地位而一度极为繁华。对于这个城市群沉入海底的结局，考古学家们推测伊拉克利翁和"法老"城市群的其他城市极有可能毁于一场超大规模的地震。因为据历史记载，整个地中海地区数"法老"城市群城址这一带地震最多、最频繁。从海底保存的完好建筑残骸来分析，多数房子和墙都是倒向一个方向，可见当时"法老"城市群是在大地震中以非常快的速度沉入海底的，而这也是为什么考古学家会在海底发现这座城市的原因，而它沉没的地点是在距离陆地4海里外的阿布吉尔湾。当潜水员潜入这座海中的"法老"城市群时，发现里面的银币和珠宝都是拜占庭时代的，没有比这更晚的了，因此可以推断出地震发生的时间应该是在7世纪或者8世纪。

（3）沙床上的海盗之都。

牙买加皇家港口，简称皇家港口、皇家港，大概位于牙买加金斯敦海湾的入口处，是17世纪加勒比海地区的重要城市之一，当地人口最高时达到1万人。当地的富足主要是通过海盗业来实现的。当时，海盗和武装常常会在大海上劫持一些船只，这些船只多半是从西班牙美洲殖民地返回欧洲的。也因此，这里成为臭名昭著的"海盗之都"，也被人们认为是"地球上最邪恶的城市"。

而如今这座邪恶城市已经被大海所吞没，但是这座城市的消失并不是因为道德上的堕落从而遭到了所谓的"报应"，而是由它所处的地理位置导致的。它建立在一片沙洲之上，而且濒临海洋，地面高出当时的海平面不足1米。1692年，一场巨大的地震将该市变成一片废墟。城市的2/3沉入海湾，海盗们和他们抢掠来的大量金银珠宝也沉入海中。目前，人们并没有从这座古城中打捞出过多的金银珠宝，只有数百万美元的珠宝出现在当今社会中，仍有大部分的珍宝等待人们去发现。

数百年以来，考古爱好者对这座水下城市的好奇心一直没有消失过，他们希望能够从中找到一星半点关于当时海盗们的传奇故事和生活方式的描述。最具戏剧性的发现是来自于20世纪60年代的一次探险，当时考古学家仅仅发现了一只怀表，而怀表指针却精确地定格在了上午11时43分，而这个时间点正好就是那次大地震发生的时间。

（4）帕夫洛彼特里。

帕夫洛彼特里是希腊荷马时代的港口城市，如今已沉没在希腊最南端的一个海湾里，是一座已知的最早沉没的城市。1967年，最先发现这片古城遗迹的是英国南安普顿大学的海洋地质学家尼古拉斯·弗莱明，当时的他十分惊讶这座遗址仅位于水面以下4米处。在之后的两年时间里，弗莱明和他的学生对帕夫洛彼特里遗址进行了测量和详细的研究。他惊奇地发现在遗址上到处散落着破碎的陶器，而这些陶器是公元前1600年到公元前1100年的古希腊迈锡尼文明时期的，这就说明了该城市大约是在公元前1100年被遗弃的。除此之外，他没有在遗址上发现任何可以证明古城遗址是码头或是港口的痕迹。弗莱明对这一地区的海岸线进行了十分仔细的研究，他试图在这海岸上找出帕夫洛彼特里市沉没于海底的原因。最终他得出结论，该城沉没于海底最可能的解释就是地质构造运动。

此后的30多年，人们对这座遗址也没有更多的认识。直到2009年夏天，来自英国诺丁汉大学的考古学家乔恩·享德森与希腊考古学家伊利亚斯·斯朋德利斯利用声呐扫描技术和激光定位技术再次对遗址进行了细致的探测。随后，他们发现了一个大型的会堂、两块巨型石刻墓碑和一些陶器，这些陶器至少是公元前2800年生产的，所有这些发现都证明帕夫洛彼特里市比以前想象的规模更大、更重要。考古学家们推测帕夫洛彼特里或许是古希腊拉哥尼亚王国的主要城市之一，可能有许多王室成员曾居住在那里。考古学家还认为，它很有可能与《荷马史诗》中的一些故事有着莫大的关系，尤其是与那些历险故事有关联。从地理位置来看，帕夫洛彼特里最适合作为中转站。因此，人们推测当年《伊利亚特》和《奥德赛》史诗中的勇士们登船远征时的港口或许就是帕夫洛彼特里。

海底地震之预警观测

地震探测尤其是海底地震的探测是公认的世界性难题，是地球科学一个宏伟的研究目标。如能通过对海底地震发生机制的探索，提高对地震的预警水平，无疑可以拯救数以万计生活在地震危险区的人民的生命。如果能预先得知地震的到来，从而采取适当的防范措施，那么就很有可能最大限度地减轻地震对生命的威胁、减少地震对经济造成的影响与损失，促进社会的稳定和经济的长远发展。作为一个极富现实意义的科学问题，海底地震的预测一直是世界各国地震学家深切关注的焦点。

科学界的难题

以人类目前的科学技术水平，既可以通过太空飞船登上月球，也可以利用望远镜直接观测到遥远的行星。但是，在海洋深处，人类只能深入到数千米的地方。也就是说，对海底地震的研究存在着技术上的困难，海底地震的预测也因此依然是世界性科学难题。

对于海底地震的预测工作，无论是从资料、方法上说，还是从技术、理论上来讲，都还很不成熟。这主要体现在以下几个方面：

首先，海底地震的孕震过程和发震机制都太过复杂。俄罗斯学者萨多夫斯基曾指出："地球内部始终发生着各种现象，这些现象既在整体上改变着地球的性质，也改变它某些部分的性质。地球在时间上处于发展中。"因为地球本身这种不断变化的性质，再加上海底地震本来就是大规模的地下岩体破裂的现象，孕育这种现象的时间必然要跨越几年、几十年，甚至是更长的时间，因此，不管是从经典物理学的角度描述其本质，还是以在实验室或者在野外进行模拟的方式来找到其本质，都是十分困难的。

其次，当前的科学技术还无法直接观测海底地震的震源深部。地震发生的位置在地壳内部，而目前对地震位置也是进行的估算，地震科学家还不能进入地球内部去安装仪器来直接观测震源孕育地震的过程，更无法对地球内部的状况进行反演和推测。由此可见，只是依靠对地球表面及其地表浅层的观测获得的地震前兆数据，还是很不完善、很不充足、很不精确的。因此，用这些资料去探测和反演地壳深部的震源过程显然力不从心。

再次，强震的概率小，使得研究结果难以检验。全球虽然每天都发生着很多海底地震，但相对来说，海底大地震是小概率事件，强烈地震对于同一地区可能是几十年、几百年或者更长的时间才能遇到一次。而在不同地区、不同时期的孕震过程机理差异又很大，因此要捕获比较精确的孕震过程显得困难重重。

由于以上描述的种种原因，地震预测工作的开展非常迟缓，这也成为了当今世界性的一个科学难题。

观测地震云

虽然海底地震的预测是一个科学难题，但是地震前自然界常出现与地震孕育、发生有关的各种征兆，我们称之为"地震前兆"，那么当近海发生地震时，都有哪些前兆呢？

地震前兆可以分为微观前兆和宏观前兆两类。微观前兆通常指的是人的感官不易觉察，只有用仪器才能测量到的震前细微的变化，这种前兆大多都要借助高科技来观测。例如地面变形情况、地球的磁场变化、重力场的变化、地下水化学成分以及温度的变化、小地震等。因为微观前兆往往无法用肉眼识别，所以观测微观前兆是科学家的工作。宏观前兆是人凭感官就能觉察到的地震前兆。由于宏观前兆往往在临近地震发生时出现，因此了解它的特点，学会识别它们，对防震减灾有重要作用。在沿海区域常出现的海底地震前兆有海平面的异常以及海洋生物的异常。海平面出现异常是由于震前地壳形变而产生的，如小岛出现异常上升与下沉等。海洋生物异常是指深海的鱼游到了浅海，鱼群浮上水面活蹦乱跳，或鱼较平时明显减少，甚至当地常见的鱼类不见了，这些都是需要提高警惕的。另外，海鸟突然成群结队地迁飞也是异常表现之一。

地震中，岩层受力后不一定会立即断裂，而我们没有能力知道地壳内岩层的分布范围、岩层的材料特性以及强度等，因此只能透过最有效的热力散发现象来进行观测，这就是"地震云"观测的由来。对于长期在海面工作的航海人员和渔民来说，了解地震云对预测海底地震能起到一定的作用。

　　用地震云预测地震的方法在20世纪70年代末至80年代中期首先兴起于中国和日本。中国在1976年唐山大地震之后就开始了对地震云的研究，在中国著名的地震云研究学者为吕大炯、宋松等人。十分有趣的是，首先提出"地震云"这个名字的并不是地震学研究者，而是曾在日本福冈市做过市长的键田忠三郎。因为，他在福冈市期间，亲身经历了日本福冈在1956年发生的里氏7.0级大地震，并且他在地震的时候曾经亲眼看到天空中有一种非常奇特的云，而在以后他发现只要有这种奇怪的云出现，总是会有地震发生，所以他就把这样的云称作"地震云"。1978年1月12日下午5时左右，他正在礼堂中讲话，突然看到窗外天空中飘动着一条细长的由西南伸向东北方向的红云，他像是突然意识到了什么似的，立即停止了讲演，并且向参加会议的300多人宣布，外面的那朵红云就是"地震云"！他估计地震

▲地震云

将会在两三天内发生。果然不出他所料，就在第三天的中午，地震就发生在了日本东京以南伊豆群岛的大岛近海地区，并且震级达到了里氏7.0级。

其实，早在17世纪的时候，中国古籍中就有对地震前兆的记载，如"昼中或日落之后，天际晴朗，而有细云如一线，甚长，震兆也"就是出自清人王士祯《池北偶谈》中"地震"一节里。关于1668年7月25日发生在山东郯城的里氏8.5级地震，古籍中也有这样的记载："淮北沭阳人，白日见一龙腾起，金鳞灿然，时方晴明，无云无气。"这里记载的"龙"，看来是一种"黑云如缕，宛如长蛇"的带状云，一旦经过阳光的照射，便会显得金光灿烂，这便是地震云中的一种。

关于地震云的成因众说纷纭，得到较多肯定的理论是由日本的真锅大觉教授提出的。他认为地震前地球内部积聚了巨大的能量，使地温升高，加热空气，成为上升的气流，使1万米高空的雨云形成细长稻草绳状的地震云。

地震云多出现在早晨和傍晚，云体颜色可呈白色、灰色、橙色、橘

▼卫星云图

红色，天空和云有明显界线，多出现波状。单条地震云为横条状，条带深浅分明，很像飞机飞过之后留下的痕迹，浅的一端为震中，所以又有人将其称作飞机云，一般预示着2周以后有地震。多条地震云呈平行或者放射状，其弧指向的圆心为震中，这种云一般预示着2~6天以后有地震。卷形地震云像极了垂直的龙卷风，又像无风时垂直向上的烟柱，这种云朵预示着3天以后会有地震发生。鱼鳞地震云则是由大块云团分散成鱼鳞状的云团，这种云多与"多条地震云"同时出现。云团深浅分明，浅的一端往往为震中，预示着2~6天以后可能会发生大地震。

观测地震云最好的时间是深夜到凌晨。一般而言，海面上在午夜过后白天经太阳吸收的热能都已经发散，如果没有额外的热力来源，就无法形成对流云。如果有强劲的对流云出现，就说明地下的岩层温度已经增高了。岩层温度的增高会产生对流，而对流发生的时间越长，其发生的区域就会越来越大，就代表着随后该区域可能会产生海底地震。因此在这段时间里的观测数据最具有判断的参考价值。

旅美中国学者寿仲浩最擅长利用地震云预测地震，他是目前世界上研究地震云的权威之一。从1994年开始，他利用互联网上定期发布的卫星云图取代了室外观测地震云的方法，进一步提出了地震云成因理论，形成了一套预测中短期临近地震的基本方法，并利用地震云对全世界范围内的地震进行预测，并将预测信息及结果发布在网站上接受检验。10多年来，他正式向美国地质调查局提出的预测大地震意见有50多次，其中36次较准确。

随着这些研究者们的努力，用地震云预测地震的方法正逐渐获得世界的认可与重视。

海底地震仪

除了通过地震云预测海底地震，更多的人们选择通过科学仪器观察海底来提前预知海底动向。运用地震仪观察海底也是地震学研究最早的主题。

早在汉朝时期，中国科学家张衡就制成了世界上最早的候风地动仪，其能监视地震的发生、记录地震相关参数。第一台真正意义上的、具有复杂机械系统的地震仪是意大利科学家卢伊吉·帕尔米里于1855年发明的。这台地震仪使用了装满水银的圆管，并且装有电磁装置。当地震发生的时候，水银便会发生相应的晃动，电磁装置也就会触发一个内部设有记录地壳移动的设备，从而能够粗略地显示出地震发生的时间和强度。到了1880年，英国地理学家约翰·米尔恩在同事詹姆斯·尤因和托马斯·格雷的帮助下发明了第一台精确的地震仪，因此，他也被誉为"地震仪之父"。约翰·米尔恩发明了多种检测地震波的装置，其中一种是水平摆地震波检测仪。这个精妙的装置内有一根加重的小棒，在震动作用的影响下，便会移动一个有光缝的金属板。金属板的移动会促使一束反射回来的光线穿过板上的光缝，同时穿过在这块板下面的另外一个静止的光缝，最后落到纸上，这种纸具有高度的感光性，光线随后会将地震的移动"记录"下来。米尔恩的这一发明具有十分深远的意义，今天我们所见的大部分地震仪仍然是按照他的发明原理进行

设计的。

适用于海底观测的地震仪是1937年才开始研究的。在1937—1940年间，美国人尤因等进行了海底地震观测的尝试，但直到20世纪60年代以后，此项观测技术才随深海大洋调查的发展而得以采用。此后，以前苏联、美国、英国、日本等国为代表的国家，也陆续进行了海底地震仪的研制工作以及观测方法的试验，并且利用海底地震仪在海底的不同区域进行观测，如在海沟、岛弧、大洋洋脊、深海洋盆等地区，最终发现海沟区震源深度的分布特征和洋脊区的微地震活动规律。

因为声波传播在海水中受到了限制，所以利用一般的地震测量技术，人们无法有效且精确地获得一些重要的地震信息，海底地震仪就很好地解决了这一重大难题。海底地震仪的主体包括传感器、放大器、记录器、石

▲地震流动观测台

英钟和电源等。它采用可变线圈型电磁式结构，体积小而坚固，有良好的水密性。仪器主体被密封在耐压容器中，放置海底进行全自动记录，借助浮标或自动控制系统升浮而回收。与陆上地震仪相比，海底地震仪的脉动来源为海洋，并和风、波浪成正比，其增强和衰减都比较快，其振幅比约有20倍以上的差距。由于海底地震发生的频率范围的变化是比较大的，因此要想选择短周期和长周期的检波器来分别测定适当的频率范围，那么就要根据不同的观测目的。由于海底地震仪可以观测到在陆上不易观测到的前震和微震活动，所以它成为测定海沟、洋中脊附近地震动态和特征的最有力手段。

▲浮标

对于海底地震仪的投放、回收和观测采用的方式主要有三种：一种是运用锚定浮标式，通常是用尼龙缆绳将地震仪与浮标捆绑或连接起来，这样做是为了方便寻找和回收。而用这一方式可以进行多点观测，但是这种方式也有缺点，那就是缆绳容易带来干扰。第二种方式是自由下落自动升浮式，通常将海底的地震仪和带有分离装置的锚连接好，投入海中后，地震仪会自由下落到海底，当预定的观测时间一过，仪器内的定时器或者船上发出的信号指令便会促使仪器与锚自动产生分离，仪器就可以升浮到海面。

第三种是海底电缆式，通常是用海底电缆把海底地震仪和陆上观测站进行连接，从而进行半永久的观测，而海底电缆往往起着数据传输、遥控、电力供给的作用。此法目前主要在近海和不很深的洋底应用，一般采用多点的长期连续观测，所投放的地震仪器仅限于4~5台。为了能够确定震源的位置，投放的地震仪必须选择合理的布置方案。根据理论进行推算，海底地震仪的最佳分布方案是：在圆周上均匀地放置（n-1）台海底地震仪，而第n台往往会放于圆心。一般情况下，要想得到准确的震源位置的数据，那么就不要将地震仪投放在一条直线上。

加拿大海底观测站

"海王星"海底观测站是在加拿大西部太平洋沿岸省份不列颠哥伦比亚的埃斯奎莫尔特海军基地建设的海底观测站。

作为"海王星"网络的巨大"脊骨",一条800千米长的光纤电缆环绕着坐落在温哥华岛沿岸的胡安·德·富卡构造板块上。2007年夏季,阿尔卡特朗讯公司的"塞纳岛"号电缆敷设船选择在适当的位置敷设"加拿大海王星"的电缆。2009年12月8日,"海王星"的海底观测站正式启动,海洋学研究由此迎来了一个全新的时代。有了这个新的海底监测网络,科学家们对海洋深处的探索变得更加容易,再也不用使用系缆浮标,再也不用利用船只上的传仪器在简短的

▲传感器

时间里拍摄数据了。

"海王星"海底观测站包括5个像太空舱一样的设备，而每个这样的设备都有13吨重。这些设备放置的地点是在温哥华岛西海岸海底，然后与海底光缆进行连接。电缆便从温哥华岛西岸出发，中间穿过大陆架，到达深海平原之上，同时向外延伸，直到活火山脊扩张中心的位置，这样一来便形成了一个回路。电缆所分出的"枝杈"往往是5个节点，这些节点充当着输入中心，从而接收来自不同传感器和不同仪器的数据资料。

"海王星"网正式启动之后，开始用来传输数百个海底仪器和传感器获取的数据。这些数据会直接从太平洋洋底传送到互联网上，并且是全天候的传播和预测，一年365天都不会停。据相关资料显示，这个海底网络每年可以产生50太字节的数据。通过这些数据，世界各地的研究人员就可以直接实时观测海底世界，了解各种各样的信息。

"海王星"当然还有更为重要的作用，它负责执行一些规模比较大的科学研究任务。它的传感器会在更大细节上监视地震动力学现象，其中包括海啸以及地壳的运动。目前，"海王星"深海仪器阵列已成功探测出一场海啸，这次海啸是由2009年9月29日发生的萨摩亚里氏8.0级地震导致的。此外"海王星"还负责监测分布于大陆边缘的气水合物沉积物和深海捕鱼对底栖生物群落产生的影响。

"海王星"这样的海底观测平台在海洋预测、海洋科学研究、地震观测、国家安全等方面具有重大的科学和现实意义。除了美国和加拿大联合推出的"海王星"计划外，欧洲有关国家联合实施了欧洲海床观测网络计划ESONET，亚洲的日本也推出了ARENA计划。

美国的深海光缆

世界上最早进行深海研究和海洋开发的国家便是美国，比如美国的"阿尔文"号深潜器，曾经在水下4000米处发现了海洋生物群落，而"杰逊"号机器人能够潜到6000米深处进行探测。1960年，美国的"迪里雅斯特"号潜水器首次潜入世界大洋中最深的海沟——马里亚纳海沟，最大潜水深度为10 916米。除了深潜器、机器人和深海钻探船这些相对比较简单的探测技术之外，美国的深海科学观测光缆技术达世界领先水平。2007年4月，美国在蒙特雷湾建造完成了世界上首条深海科学观测光缆。整个工程开始于2002年，总投资额高达1000万美元。这一重大的工程是由美国自然科学基金会出资赞助的，由美国蒙特雷深海研究所负责建造。

建成的深海光缆全长为52千米，在这条光缆的某些深海部位，科学家们建造了许多约1.2米高、4.6米宽的大型铁架，在这些铁架上还加装了各种电子观测设备，其中包括大量专用仪器、摄像机以及深海机器人。为了避免行驶船只对科学观测光缆造成不经意的破坏，施工人员还耗费了很大的力量，将这些电缆埋在深海底的泥层中，这并不是一项简单的工作。向观测设备提供电力的电站是建在美国加利福尼亚地区，负责接收科研数据的控制中心也位于附近，这使得科学家们可以全天24小时地观测深海的各种数据。科学家们在陆地上通过网络实时监测自己的深海实验，命令实验设备监测风暴、地震、火山喷发等各种突发事件，完全革新了传统办法。

这条深海电缆的建成打破了从前人类进行各种海底观测时受能量供应的限制。在此之前，人类需要依赖深潜器之类的深海运载工具去补充耗尽的能量，而且信息传送比较困难。美国的这一技术将观测平台放到海底，通过光纤网络向各个观测点供应能量、收集信息，可以进行多年连续的自动化观测。

日本的深海实验室

目前日本最宏伟的深海探测计划是和深海探测船"地球"号分不开的。耗资约582亿日元的"地球"号是一座高技术的流动实验室，2005年建设完工，全长210米，宽38米，最大高度130米，重达5.7万多吨，排水量达5.75万吨，一次填充燃料最远可航行1.48万海里。

"地球"号拥有巨大的钻头，钻头可以向下伸展1万米，所以这艘探测船即使处在水深为2500米的深海中，也能够钻探到海洋地壳下方约7000米处的地幔。过去各国的挖掘船主要采取的挖掘方式是直接将钻探管深入海底，没有护层。其挖掘深度受海水压力、泥石堆积的限制，并且自身也会摩擦生热，因此挖掘的一般深度只有2000多米。"地球"号全面提升了钻探能力。它在钻探管的外部套上了一个粗管，在钻头工作时通过套管向钻头输入冷却水，保证钻头不会因为摩擦热而熔化。套管还可以将钻探中产生的泥土输送到船上，使钻头免受海流等的侵害。

使用了这种最新设备的"地球"号，能帮助人们探究地球形成和巨大地震发生的机制，通过分析地幔的物质成分来预测地震。2007年，"地球"号展开"南海海槽孕震带钻探计划"，这个计划属于"国际综合大洋钻探计划"的一部分，为期5~6年，涉及全球的100多名科学家。

第一阶段的科考活动钻探处位于日本大陆西南的南海海槽。这一海域处于太平洋板块和亚欧板块结合处，过去1500年曾多次发生强烈地震。地震学家预计这一区域几十年内还会发生大地震，因此地质学家借助"地球"号在这里进行海底钻探，将探头深入水下4000米抵达海底孕震带，再从两大板块相交处钻入地内7000米，钻出两个超深钻孔。他们在超深钻孔内安装长期观测系统直接观测板块活动，了解这个地震发源区内部的情形。

在第一阶段的探测中，"地球"号成功地在6个地点钻探了12个孔，这些孔深度不等，有的孔深400米，有的达到1400米，所获高质量图像和数据包括地内压力情况和地质结构，为解释大规模地震成因提供了重要线索。尤其"地球"号钻孔深入海底1000米处时，科学家发现孕震带上层结构同时受到推和拉两股力量，这正是揭示地内压力如何集聚的关键数据。美国海洋地质学家哈罗德·托宾认为这些科学数据有助于研究人员进一步了解地震区，可以解释由一个地壳板块受力下降到另一板块之下引发的大规模地震。

▲南海

中国的海底地震站

　　受印度洋板块与太平洋板块挤压的影响，中国属地震频发地区，其中海洋地震占85%。然而，由于种种原因，长期以来中国并没有形成系统的观测，而只是零星地对海洋地震进行流动观测。更为重要的是在海洋地震预测方面，中国基本处于空白状态。为了填补中国海洋地震监测的空白，在2004年印度洋海啸之后，中国地震局正式批准在东海海域建设海底地震观测站。紧接着，经过专家们的反复论证，最后选址在历史上曾发生过地震的震中附近。

　　2007年，中国首个海洋地震站在崇明岛以东正式开工建设，这标志着中国海洋地震预警机制正式启动。该地震台站大致可以分为两个部分：一个250米深的深井，一个近50米高、100吨重的活节灯桩。而地震监测仪、海啸计等仪器设备被放置在井底，其他相关设备则位于活节灯桩上部的微型平台之上，其头顶上的天线将把来自井底的数据随时报告给地震预报中心。2009年2月，中国首个海洋地震综合观测台——东海平湖八角亭地震观测台正式建成。12月，上海市地震局接收到了从距离上海市365千米、海底780米处仪器传出的信号，这标志着中国海底地震观测获得成功突破。

　　东海平湖八角亭地震观测台位于距离上海市300多千米的地方，但是它的观测效果却没有因为距离而受到影响。它能够将海上地震及海啸预警数据及时地传到上海市区，所需时间仅为几秒钟。按照地震波的传播速度来看，地震传到市区要十几分钟，而海啸则需要半小时左右的时间。这就意味着在预警之后的那段宝贵的时间中，人们完全可以利用十几分钟乃至半小时时间来采取应对措施和做好防范工作。比如在这段时间里，可以切断电、燃气等危险的因素，组织市民转移到安全的地区。

继东海平湖八角亭地震台之后，2009年，台湾气象部门规划建设台湾首座海底地震站。台湾东北部陆地及外海地震特别多，也容易发生大规模的地震，当然除了菲律宾海板块与亚欧大陆板块的相互挤压外，还与冲绳海槽的张裂有着密切的关系。在台湾的地震观测网上，每年能够侦测到1.8万多次地震，但是目前来看，台湾所有地震观测站都设置在陆地上，这样一来虽然也能测得外海地震，但需要花费较长的时间。2011年3月，台湾气象部门开始在东部宜兰外海敷设约45千米长的海底电缆，并安装了地震仪和海啸压力计。而对于地震站的装置位置也是有一定要求的，必须装置在海底2000米到3000米之间，这样一来，对东部外海地震预警的时间至少能提前10秒，而对海啸预警则能够提前10分钟的时间。要知道这短短的10秒或者是10分钟的时间，往往能够起到很重要的作用。如果该处发生强震或者海啸，气象部门一旦接到信号，可以立即报告港口与地方防灾单位，通知民众尽快逃生。

先进的潜水器

对海底地震的监测和研究，离不开深海潜水技术。目前，世界上掌握先进深海载人潜水技术的国家只有美国、俄国、法国、日本和中国。这些国家研发的深海载人潜水器，能下潜到6000米以下，范围遍及海洋的大陆坡、洋脊、海山顶、火山口，在地质、地球化学、地球物理等方面获得了大量重要发现，为海底地震的研究提供了宝贵的科学数据。

作为世界上首艘可以载人的深海潜艇，美国的"阿尔文"潜艇被称作"历史上最成功的潜艇"。建造"阿尔文"的船体使用的材料为金属钛，钛具有熔点高、硬度大、可塑性强、密度小、耐腐蚀等优点。用钛打造的船体对海水的抗腐蚀性很强，有人曾将一块钛沉入海底做实验，5年以后取上岸，除了表面黏附着许多海洋生物外，丝毫没有被锈蚀。

"阿尔文"的下放是由它母船上的一架"A"字形

▲深海潜水器模型

起重机和约10名工作人员共同完成的。起重机负责将"阿尔文"吊离甲板并将其轻轻地放入水中,待之完成任务后再将"阿尔文"吊上甲板。而工作人员负责保养和完成潜艇下潜准备工作。

"阿尔文"的下潜深度可达4500米,通常情况下"阿尔文"搭载一名驾驶员和两名观察员前往海底,下潜时间持续8小时,4小时往返,4小时工作。它的生命保障系统有着十分重要的作用,它能够允许潜艇和其中的工作人员在水下安全生活达72小时之久。同时,它也可以在崎岖不平的海底自由行驶,不受地形的干扰,并可以在中层水域执行比较重要的科研任务,也能够拍摄静止和视频影像。服役40多年来,"阿尔文"潜艇已经执行了4000多次洋底探测计划,运送过1.2万多名乘客到达深海,并取回超过680千克的样品。它曾帮助科学家证实了海底正在沿着位于大洋中层水域的山脊扩张的理论,为研究海底地震发生成因提供了宝贵的数据。

1985年,法国研制成功了"鹦鹉螺"号载人潜水器。这一航天器能够在6000米以下的深海进行工作。它的重量为18.5吨,可承载3人一起到海下,还可携带一个小型水下机器人,水下作业时间可以达到5小时。这个潜水器具有重量轻、上浮下潜速度快、能侧向移动、观察视野好等优点。在潜水器内部,装有两只灵活自由的机械手、采样篮,同时还备有水质取样器、沉积物取芯器、岩石取芯器、真空取样器、温度测定器、液压锤和其他切割工具等,可进行多种海底样品的采集和其他复杂的作业。目前该潜水器已下潜过七八百次,成功完成过多次调查任务。

1987年,苏联和芬兰两个国家联合研制出了两艘6000米载人潜水器,即"和平一号"和"和平二号",每一个潜水器的重量都为19吨。这种潜水器垂直潜浮速度为每分钟35~40米,在水下的时间可以长达17~20小时。

在潜水器内部设有高分辨率的主体摄像系统，配有两只多自由度机械手和一套取样装置，还带有12套检测深海环境参数和海底地形地貌的科学研究设备。这种潜水器不仅在太平洋、大西洋地区进行过科学技术考察，还在印度洋和北极海域进行过考察。考察包括对海底热液的调查和取样、水下摄影、大洋中脊水温场的测量等。

日本研发的"深海6500"号宽度可达2.7米，高约3.2米，重约26吨，能潜入海底6500米，最多可以容纳两名操作员和一名研究者，水下作业时间为8小时。自1990年建成以来，"深海6500"号曾被用于研究海底地形地质情况，收集有关板块俯冲、地震发生机制等地球内部运动的珍贵数据。目前，它已经下潜了超过1000次，调查了6500米深的海洋斜坡和大断层，并对日本岛礁沿线所出现的地壳运动以及地震、海啸等进行了研究。"深海6500"号在日本的深海观测任务中发挥着极其重要的作用。

2010年5月31日到7月18日，中国自行设计、集成创新、拥有自主知识产权的世界首个7000米载人潜水器"蛟龙"号在中国南海取得3000米级海上试验成功。这标志着中国成为继美、法、俄、日之后第五个掌握深潜技术的国家。"蛟龙"号不仅是6000米以上深度的载人潜水器，也是目前世界上下潜能力最强的载人潜水器。"蛟龙"号的最大下潜深度使中国深海活动范围覆盖了世界99.8%以上的洋底。

"蛟龙"号由钛合金制造，抗海水压力的能力很强，可承载一名潜航员和两名科学家在水下工作12小时。科学家和工程技术人员乘着"蛟龙"号可在海山、洋脊、盆地和热液喷口等复杂海底进行资源勘察和海洋地质、海洋地球物理、海洋地球化学、海洋地球环境等科学考察。

假如海底地震来袭

　　对于沿海地区的居民而言，海底地震和陆地地震的影响一样，所以一般的地震预防自救常识也同样适用于海底地震发生时。研究表明，地震从一开始人感觉到振动到建筑物被破坏，往往只需要12秒钟的时间，在这短短的时间内，我们应根据所处环境迅速作出保障自身安全的抉择。在这短短的时间内，应保持冷静的头脑，以便做出更有利于自身安全的措施和举动。与此同时，由于海底地震很容易引起海啸，所以我们也应该了解一些海啸来临时的自救知识，并且学会在震后有限的条件下如何更好地生活。

如何准备

每一个居住在地震区的人，必须时常考虑到如果地震来袭怎么办，并为此做出相关的准备工作。地震发生时，我们会面临不同的地点、不同的情境，如果能事先考虑好地震发生前该做些什么，那你就会更加镇静，并理智地采取简单且更为安全的措施。

首先应检查住房有没有不利抗震的地方。一般而言，建在软淤泥层、饱含水分的松砂层、松软的人工填土层、古河道、旧池塘、河滩地、河坎、陡坡、细长突出的山嘴、山包或三面临水的台地等处的房屋都是不利于抗震的。有的时候住房虽然不会被震倒，但可能会被周围其他倒下的建筑物等砸坏。原则上讲，房子的抗震能力取决于以下三个主要方面：一是要看房子在建设过程中是否已经达到了抗震设防的要求。假如你的房子是在北京市，那么首先要了解的是房子是否按Ⅷ度（0.2g）进行了设防。每个地区的抗震设防要求都是依

▲房屋结构在抗震中十分重要

据当地情况来制定的，但是不管什么样的要求，都必须按《中国地震动参数区划图》或《中国地震烈度区划图》中的规定进行取值。二是房子是否按国家强制性标准进行了抗震方面的设计。一般情况下，住房必须由正规的设计部门进行抗震设计。三是在房子施工的全过程中，是否按照规范标准的要求，严格保证施工质量。如果房子在建设过程中能够达到上述三个方面的要求，按照中国民房抗震设计准则，当遭遇小于和相当于抗震设防要求的地震烈度和设计地震动参数时，房屋便不会损坏，震后稍经维修仍可能正常居住。假如地震的烈度比较大，遭遇超过设防烈度一度和设计地震动参数一档的地震时，房子虽然会有所破坏，但是绝对不会出现倒塌的现象。如果住房属于老旧建筑，而且因为年代久远已经无法弄清是否经过抗震设计，则应该对其进行抗震鉴定，采取相应的加固措施保证其安全。

房屋结构在抗震中也很重要。一般而言，房屋平面布置要尽可能简单，结构方面要力求匀称，构件也要能够连成一个整体，房屋的高度和平面尺寸都要有所限制，房屋之间应适当地留有防震缝，要采取一定的措施加强连接点的强度和韧性。房屋重心要低，屋顶用轻质材料，尽量不做或少做那些笨重且在地震中极易砸伤人的装饰性附属物，如女儿墙、高门脸等。对于建筑材料要有一定的要求，那就是要力求比重偏轻、强度要大，并富有一定的韧性。墙体在交接处要咬合砌筑，横墙应密一些，尽量少开洞，承重墙上最好用圈梁，并在横墙上拉通。预制板在墙或梁上要有足够的支撑长度。

检查出房子的抗震漏洞后，有必要时我们要对房屋进行加固。常用的一些墙体加固方法有拆砖补缝、钢筋拉固、附墙加固等。房屋顶盖的加固一般采用的是水泥砂浆重新填实、配筋不断加厚的方法。建筑物的突出部位，比如烟囱、女儿墙、出屋顶的水箱间和楼梯间等，应该拆除不必要的附属物，采取适当的措施设置竖向拉条，目的是为了抗御地震的突然袭击。对待那些老旧房屋，要注意经常维修保养，时常检查和维修。墙体如有裂缝要及时修理，木梁和柱子等要预防腐朽虫蛀，如果发现有损坏的情况要及时检修。易风化的土墙更要定期抹面，大雨过后，要及时排除房屋周围的积水，以免雨水长时间浸泡而对墙基的稳固性产生影响。

房子中的家具和物品摆放也有要求，悬挂在墙上的物品应拿下来或设法使之固定。高大笨重的家具顶上不要放重物，防止掉落伤人，组合的家具要固定在墙上或地上。橱柜内重的东西放下边，轻的东西放上边。储放易碎品的橱柜最好加门和插销。家具摆放还要考虑是否有利于形成三角空间，便于震时藏身避险。另外，家具的摆放要考虑是否有利于保持地震中畅通的通道，尽量不使用带轮子的家具，以防震时滑移将通道堵塞，妨碍震时从室内撤离。地震如果在夜间发生，那时人的警觉和反应最差，如果卧室到室外的路线过长就会耽误最佳逃生时间，所以卧室的位置至关重要。床摆放的位置也要注意，要避开窗口、外墙、房梁，摆放在承重的内墙边；在床的上方，不要悬挂重物，比如吊灯、镜框等。床本身的质量一定要好，要牢固，最好不要使用带有轮子的床。

提前在家储备一些饮用水和罐头食品也是很有必要的。为达到饮用和煮食的目的，建议以每人每天约4.546升的水量计算。因为地震后容易断电导致冰箱不能使用，所以需要预备罐头和干食品。在家中常备手电筒和电池，还要备一些合用的胶合板塑料布，用于挡盖被损坏的窗户及其他空隙。要在适当的位置备一个或多个灭火器。另外，其他生活日用品（如衣物、毛毯等）和必要的常用药品（如治疗感冒、肠胃病、一般外伤的药

▲家中常备应急救援包

等）也要备齐。这些东西可集中存放在"家庭防震包"或轻巧的小提箱里，以方便在紧急的情况下能够快速找到。

平常应让家庭每个成员学习怎样关闭煤气、电闸。可以在煤气阀门的附近准备一把规格合适的扳手，用条带将热水器和煤气炉固定在墙上或地板上。对于易燃的液体如煤油、汽油、酒精、油漆等危险品的存放要加以注意，应该在不会倾倒或被砸开的安全地方。把易腐蚀的化学制剂，如硫酸、盐酸等存放好。在电话机旁写下救火队和警察局的电话号码，方便自己能够轻易地翻到。

最后，确保你身边的人都知道地震期间和地震后该做些什么，并与家人约定好震后若分散了怎样团聚。如果有家庭成员在学校读书，要告诉他们在校碰到地震该做些什么。如果居住或工作的地区属于疏散区，那么应该与家人、邻居、同事们制定出一个疏散方案，最好能进行疏散防震演练。

如何避险

　　面对越来越多的地震灾害，防震专家指出，假如地震来袭，正确的方法是震时就近躲避，震后再迅速撤离到安全的地方。当一次地震袭来时，从你意识到"这是一次地震"直到房屋倒塌，一般你只有12秒钟左右可以做出反应的时间，12秒钟是多么的短暂和迅速。在这宝贵的12秒内，首先应当保持冷静，作出正确的抉择。一般来说，当强烈地震发生时，人们都会受到异常心理的驱使而条件反射地采取恐慌和乱跑的本能行动，因此我们必须有意识地控制这种本能行动，保持镇静，就地避震！

　　如果你所居住的是平房，那么完全可以充分利用这12秒的时间跑到室外。如果感觉来不及跑时，也可以躲在桌子底下、床下以及紧挨墙根的坚固的家具旁

▲防震演练

边。这时要注意自己的姿势，正确的姿势是趴在地上，闭口，用鼻子呼吸，保护身体要紧的部位，如头部，并用毛巾或衣物捂住口鼻，以防灰尘进入口鼻，影响呼吸。如果是正在用火用电，应随手关掉煤气开关或是电门开关，然后迅速躲避。

正在生产车间感觉地震来袭时，应迅速在机械设备下躲避，千万不要乱跑，不过一定要记住给仪器、机床断电。要迅速关闭易燃、易爆及有毒气体的阀门。如果你的工作环境是在钢铁厂，地震时要赶快避开炉门或铁水流淌的钢槽。如果你是在化工厂工作，要立即采取措施防止易燃或是有毒气体、强酸强碱等物质的渗漏。地震时需要有少数的人在预先加固的支撑保护处监视险情，以便及时处理和防止次生灾害发生及蔓延。

如果当时你是在楼房内，那么就要保持清醒的头脑，迅速远离墙体的薄弱部位，比如外墙及门窗。千万不要因为一时乱了阵脚，选择外逃或是从楼上跳下。因为地震发生强烈振动的时间只有十几秒钟，充其量至一分钟，而从打开门窗到跳楼往往需要一段时间，特别是在地震的时候，人要想正常地行走往往是比较困难的，如果门窗被震歪变形打不开，那耗费的时间就更多。事实上，在中国大中城市的建筑中，越来越多的建造商会采用框架结构，地震烈度为8度时，只能使大楼的墙体开裂或者局部倒塌，烈度为9度时，也不会导致框架出现损坏的现象。另外，楼层如果很高的话，跳楼必然会造成伤亡，即使安全着地，也有可能被楼顶掉落下来的东西砸死或砸伤。伤亡者中的大多数正是那些朝室外匆匆逃出的人。在楼房内躲避的较好位置在开间小的洗漱室及厕所。在单元楼房内，洗漱室及厕所的房体跨度小，刚度大，加之有管道支撑，抗震性能较好。

在群众集聚的公共场所如果遇到地震，最容易出现因慌乱造成乱冲乱撞、互相拥挤而人员伤亡的现象，这种损失完全是人为造成的。特别是身处车站、商店、地铁等场所的人员，切忌乱逃生，此时一定要保持镇静，并且选择好物体来躲藏，比如说选择排椅、柜架、桌凳等地方躲藏。在剧院、体育馆、体育场或竞技场内，就要躲在排椅之间，千万不能乱跑乱挤。如果在办公楼里，就要尽量降低重心赶紧藏到办公桌下，地震过后要迅速撤离办公室，撤离时要走楼梯，千万不能使用电梯。

　　如果发生地震时，你正在教室里上课，就地避震是上策，并且同时听从任课老师的指令。就地避震时采用"蹲下"的姿势，使自己能够躲到桌子或者写字台的下方，并努力将一只胳膊弯起来护住自己的眼睛，避免被碎玻璃击中，另一只手要抓紧桌腿或写字台的一边。在学校中某些书桌实际上是扶手上带有一块写字板的椅子，在这种情况下，便可以躲在排椅之间。

　　行驶中的交通工具遇到地震，司机应尽快减速、刹闸，乘客应用手牢牢抓住把手、柱子或座席等，并注意防止行李从架子上掉下来伤人。面朝着行车方向的人，要注意将胳膊靠在前座席的椅背上，护住自己的面部，身体下意识地向前倾倒，两只手护住自己的头部；背部朝向行车方向的人要紧缩着身体，抬起膝盖护住腹部，两手护住后脑部。如果你身处户外，不要因为你的家属还在屋里就冒着危险进屋去抢救，因为此时你进屋并不能给予家人任何实质性的帮助，只会给自身带来伤害。如果震后家人不幸被埋压在废墟之下，你如在外面还可以及时抢救，就将家人营救出来。在户外要停留在比较开阔的地方，远离上面可能掉下东西的建筑物和悬着高压电线的地方，以及高层建筑物的玻璃碎片和大楼外侧的混凝土碎块、广告招牌、铁板、霓虹灯架等。为了避免高空坠物的伤害，行走中的人可以借助身边的皮包或柔软的物品来保护自己的头部，从而迅速离开，跑向比较开阔的地区躲避。如在郊外遇到地震，不要停留在山脚下、陡崖边，遇到山崩或者滑坡，就要向垂直于滚石前进的方向跑，也可躲在结实的障碍物下或蹲在沟坎下，要特别注意保护好头部。在户外还要注意避开河、湖、海边及水坝、堤坝、桥面、桥下，以防河岸坍塌而落水或桥梁坍塌而受伤。

此外，海底地震伴随而来的往往有海啸，对于沿海地区而言，海啸的危害性往往比地震要大得多。当海啸来了，怎么能在危急关头有效避险呢？

首先，在平时我们应该了解一些海啸形成和来临征兆的相关知识。海啸发生的最早信号是地面强烈震动，地震波与海啸的到达是有一定的时间差的，这段时间差正好有利于人们做出预防。海啸发生前，海水异常退去时会把许多海生动物留在浅滩，一旦出现这种情况，千万不要前去捡鱼或看热闹，而当周围动物出现反常的焦躁时就要更加警觉了，动物往往比人更容易捕捉到来自远方的讯息。一旦预料海啸要发生了，要大声警告周围的人，让大家都发现危险即将来临。如果是在海滩或是靠近大海的地方感觉到地震发生，那么此时要立刻转移到高处，千万不要等到海啸警报拉响了才做出行动。海啸来临前同样不要待在同大海相邻的江河附近。

发生海底地震时，位于浅海区的船只会剧烈地上下颠簸，出现这种情况时，船只不能回港或靠岸，因为地震引起的海水落差和湍流非常危险，船只应该马上驶向深海区，深海区相对于海岸地区要更为安全些。如果没有时间开出海港，所有人都要撤离出停泊在海港里的船只。

海啸发生时，如果来不及转移到高地，就要想办法找到抗击力强的坚固建筑物。一般海岸附近都有不少高层饭店，可以暂时到这些建筑的高层躲避，建筑里洗手间大小的房间相对比较安全，四根柱子之间的距离也比较小，相对牢固。

如何自救

　　地震时如被埋压在周围一片漆黑的废墟下，只有极小的空间容身，没有人在身边，还有可能身体的某个部位受了伤，这时千万不要惊慌或者悲观，要树立生存的信心，相信总会有人来救你，要千方百计保存自己的生命力。这时候，为了免遭新的伤害，要做的第一件事就是尽量改善自己所处的环境，因为大的地震过后往往还会有多次余震发生，处境可能继续恶化。

　　即使是再不利的环境，我们首先也要挪开头部、胸部的杂物，这样做是为了使自己呼吸畅通。当闻到煤气、毒气或者刺鼻的气味时，要用湿衣服等物捂住口、鼻。如果受伤，一定要想办法包扎，避免流血过多而休克。挪动位置的时候，要避开身体上方不结实的倒塌物和其他容易掉落的物体，以免造成新的伤害。再者就是要努力扩大和稳定生存空间，用砖块、木棍等支撑残垣断壁，以防余震发生造成伤害。

　　如果在较长的时间里仍然与外界联系不上，可以试着寻找安全的通道。观察四周有没有通道或是光亮，分析判断自己所处的位置和周围的环境，并试着排开障碍，开辟通道。如果一时间找不到脱离险境的通道，要尽量保存体力，选择适当的位置，用石块敲击出比较大的声响，以此作为向外发出呼救信号的方式。如果暂时得不到外界的回应，不要沮丧、哭喊、

▲地震被埋压要积极自救

急躁或者做出一些盲目的行动，这样会大量消耗精力和体力，此时要尽可能使自己心情平静或闭目休息，等待救援人员到来。如果被埋在废墟下的时间比较长，救援人员始终未到，就要想尽办法来维持自己的生命，尽量寻找食品和饮用水，尤其是饮用水，如果一旦找到水和食品一定要节约，必要时自己的尿液也能起到解渴作用。

如果在海啸中不幸落水，一定要抓住树枝、木板等可以让自己浮在水面的物件，不要在水里挣扎，以防体内热量过快散失，更不要选择游泳。如果海水温度偏低，不要脱衣服，更不要饮用海水，这不仅不能起到解渴的作用，反而容易让人出现严重的幻觉。同时要尽可能向其他落水者靠拢，既便于相互帮助和鼓励，又因为目标扩大更容易被救援人员发现。

如何救人

地震后救人，首先要快，迅速壮大救人的队伍，让更多的人有获救的机会。在救人时我们遵循的第一个原则，就是先救"生"，后救"人"。即每救一个人，只要把其头部露出，使之可以保持呼吸，然后马上去救别人，这样可以在很短的时间内救更多的人。救人的第二个原则是先救近处的人。不论是家人、亲友、邻居，还是萍水相逢的路人，只要是在近处，就要先救他们。如果用舍近求远的方法，往往会错过救人良机，造成不应有的损失。第三个遵循的原则是同等情况下，先救青年和医务人员，这样做可增强救灾队伍的力量。当然，震后救人，因其环境、条件十分复杂，所以要因地制宜地采取相应的办法。

寻找被埋压人员时，要先判定其位置。仔细倾听有无呼救信号是有效的方法之一，也可用喊话、敲击等方法询问埋压物中是否有待救者。如果听不到任何声音，可向周围的人询问情况，根据搜集到的情况结合现场实情分析被埋压人员可能处的位置。一旦发现被掩埋人员，使用工具扒挖埋压物时，一定要注意分清哪些是支撑物，哪些是一般的埋压物，不可破坏原有的支撑条件，对人员造成新的伤害。当接近被埋压人的时侯，不能使用利器刨挖，以免弄伤待救者。在扒挖的过程中，应首先考虑封闭空间的空气问题，尽早使封闭空间与外界沟通，以便新鲜空气注入。扒挖过程中灰尘太大时可喷水降尘，以免被救者窒息。看到待救者后可先将水、食品或药物等递给他使用，以增强其生命力。最好先使被埋压者头部暴露出来，并帮助清除受害者口、鼻内的尘土，再使其胸腹部和身体其他部分露出。切记不可因为想尽快将其救出来而强拉硬拽，在不明待救者的

▲抗震救灾

受伤情况下，这样做很容易造成新的伤害。

对于被埋压在黑暗窒息的环境下很长时间的人，救出后应给予必要的护理。最好蒙上被埋压者的眼睛，使其避免强光的刺激，不可使其进食、进水过多，还要避免被救人情绪过于冲动。骨折伤员、危重伤病员应及时送往医疗点救治，运送中应采取相应的护理措施。如腰椎受伤者，应让其躺在硬板上然后抬送。

海啸中的溺水者被救上岸后，要及时清除落水者鼻腔、口腔和腹内的吸入物。具体方法是：将落水者的肚子放在施救者的大腿上，然后从后背处按压，再将海水等吸入物倒出。如此时出现心跳、呼吸停止的现象，则应立即交替进行口对口人工呼吸和心脏按压。由于溺水者在海水中长时间被浸泡，热量散失会造成体温下降，这时最好能放在温水里使之比较快地恢复体温，不要采取局部加温或按摩的办法，没有温水时尽量裹上被子、毯子、大衣等保温物品。可以给落水者适当补充糖水，以补充体内的水分和能量。不能给落水者饮酒，饮酒只能使其热量更快散失。

度过地震的危险期后，如何尽快地适应震后生活是一件非常重要的事情。在居住方面，防震棚是地震后灾区最常见的方式。搭建防震棚时要注意在开阔地选址，城市要避开高大楼群和可能发生次生灾害的地方，不要建在水塔、高压线、危楼、烟囱附近，也不要建在路口和公共场所周围，以免堵塞交通。农村地区要尽量避开危崖、陡坎、河滩等危险地带。如果是在防震棚中生活，那么一定要注意管理好自己的炉火、电源和照明灯火，教育孩子不要玩火，以防止出现不必要的伤亡。防震棚顶部切忌压砖头、石头或其他重物，如果一旦掉落，往往会砸伤人。在地上睡觉一定要防潮，同时，冬天要严防煤气中毒。要学会保护自身的安全，千万不要到有危险的地方去活动，比如危房、桥梁下，因为余震很有可能再次发生。并且尽可能远离废墟，那里很可能有许多因地震打碎的玻璃以及其他容易使人受伤的尖锐物，如钉子等。没有紧急的事务，千万不要到处乱逛，因为震后环境仍然十分恶劣，爆炸、毒气泄漏、水灾、火灾随时都有可能发生。

在饮食方面，应注意灾区的食物不能随便食用。不要因为饥饿而吃已死亡的畜禽、水产品，不吃压在地下已腐烂的蔬菜、水果。同时，不吃来源不明的、无明确食品标志的食品。不吃严重发霉的大米、小

震后生活

麦、玉米、花生等。对于真菌类食物更是不要轻易去食用，不吃不能辨认的蘑菇及其他霉变食品。不吃凉拌菜、卤菜，不吃除了密封完好的罐头类食品外其他被水浸泡的食品，不吃已经过期的方便面、罐头等盒装、听装、袋装食品。

学会正确地储存和加工食品，这也是十分重要的。粮食和食品原料应该选择干燥通风处来保存，避免受到虫、鼠侵害和受潮发霉，必要时在阳光底下晒干。霉变较轻的粮食，可以再次处理进行食用，处理时可采用风扇吹、清水或泥浆水漂浮等方法去除霉粒，然后反复用清水搓洗，紧接着用5%的石灰水浸泡霉变粮食24小时，霉变率降到4%左右就可以再食用

▼防震棚

了，瓜果生吃前要用清洁的水洗净。

震后最容易受到污染的便是水源，而水作为生命之源又最不能缺少，因此，注意饮水卫生尤为重要。地震后经过检验仍然合格的水源应该予以保护，如果在农村，饮用的水井应有井栏、井盖保护，在饮用水井30米范围内，不要设置猪圈、厕所以及其他可能污染地下水的设施，如果需要人工打水，那么就要用专用的取水桶，防止水桶污染水井。山上如果有没被污染的泉水、小溪或者上游水，那么为了防止水被污染，就要划定范围，并严禁在此区域内排放粪便、倾倒污水垃圾等。在城市，集中式的饮用水水源取水点必须由专人管护，不喝非法商贩配置的"冰水""果汁"等饮料，也尽量不购买他们售出的瓶装矿泉水，以免上当。

如果有条件，最好能将饮用水进行过滤、消毒处理，尤其是浑浊的水应先用明矾澄清。具体操作方法是每桶水加花生米大小的明矾一粒，一桶水一般指的是25千克，然后再用干净的木棍在水中按照一个方向进行搅拌，待水完全静止的时候，水就会变得澄清，然后再将水倒入另一个干净的容器，加上漂白粉消毒后即可使用。漂白精片或漂白粉消毒饮水的方法是每担水（约50千克）加漂白精片1片或漂白粉0.4克（半啤酒瓶盖），加入前应先把漂白精片放在碗里，然后捣碎，紧接着用水调成糊状，然后再倒进水桶里搅匀，加盖半小时后才能够饮用。要注意的是漂白粉或漂白精片忌潮湿、忌强光，所以必须放在避光、干燥、凉爽的容器里保存，例如用棕色瓶或者黑色塑料袋包装，将瓶口或袋口封严后摆放在阴凉、干燥的地方。

地震后建筑物倒塌，生活也随之变得处处不方便，但是拥有智慧的人们却能创造生活条件，发明很多生活小窍门。比如对于震后停水造成如厕的难题，人们想出了自己动手制作简易厕所的方法，即把大的塑料饮料瓶拦腰截断，然后找到一个废弃的垃圾袋，铺在瓶子中，把瓶口倒过来放在后半截上，就可以变成一个简易的厕所了，这种办法使用起来方便又卫生。在震后的一段时期煤气也有可能会断，吃不上热饭菜是灾民最大的问题之一。这时可以用废弃易拉罐和蜡烛制作简易炉子。此时可以将易拉罐切开，长的一半用来作炉架，在短的一半里面放上多支蜡烛，并将蜡烛紧密地摆在支架上，点上火便可以热汤热饭了。这些小窍门比较简单，使用起来也是相当便捷的，同时也能为生活带来少许创造的乐趣，值得提倡。

震后防疫

地震后的一段时间，因为输水和排水系统受到了破坏，垃圾污水往往四处堆积，所以说此时此刻饮用水就会变得十分短缺。灾民集中在一起生活，加上心理、精神的冲击，身体抵抗能力往往会严重下降，这些因素都为传染病提供了可乘之机，因此地震后的防疫是非常重要的。从过去世界各地地震后疾病的流行情况进行分析，地震后的传染病大多是因为饮用水的不洁净而传播起来的，常见的疾病有肠道传染病、虫媒传染病、人畜共患病、自然疫源性疾病及食源性疾病等。

由于震后灾区饮水和饮食卫生无法得到保证，因此往往会引发一些肠道传染病，比如感染性腹泻、痢疾、霍乱、食物中毒、甲型肝炎等。震后被污染的水和食物，往往会经过口腔进入人体肠道，这些病原体会在肠道内迅速繁殖并散发出毒素，从而破坏肠黏膜组织，引起肠道功能紊乱和损害，严重影响身体健康。如果人感染上肠道传染病，其粪便、呕吐物排入水源之后，其他人在洗涤衣裤、器具、手等的时候，都会感染疾病。随后疾病会通过握手，使用或接触衣物、交通工具、门把手、钱币等传播和扩散。而有的昆虫也是导致传染病扩散的重要因素，比如苍蝇、蟑螂等。因此保持饮水和饮食卫生是预防肠道传染病的关键，在日常生活中要注意环境卫生，及时消除垃圾、污物，发现有蚊蝇的出现，要及时消灭蚊蝇。粪坑往往是病菌的聚集地，这个时候

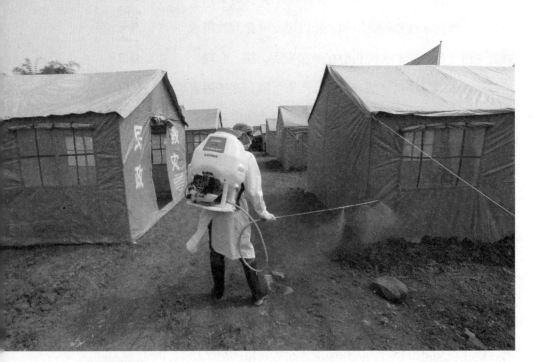

▲灾后要积极防疫

可以采用加药杀蛆的方式来控制。动物一旦死亡，要对尸体进行深埋，有条件的可加放生石灰消毒，土层也一定要夯实。饭前便后一定要彻底洗手，最好选择用流动的水洗手，时间不得短于半分钟。在没有医生指导的情况下，尽量因地制宜喝开水和经过消毒处理的水，饮食中可加上大蒜、醋消毒肠道。

在地震后，因为居住环境简陋，另一个容易传染的病是虫媒传染病。自然界中能导致人体发病的无脊椎动物也叫医学昆虫，由医学昆虫引发的传染病被称作虫媒传染病。据相关研究显示，蚊、蝇、虱、蚤、蜱、螨等医学昆虫都会对人类健康造成危害。这些医学昆虫对人体的危害主要是它在飞行和停落的过程中会出现边进食边排泄的情况，从而机械性传播一些细菌、寄生虫卵等病原体。人类一旦接触这些病原体，那么就很容易感染上疾病。因此，要做好预防性工作，应经常喷洒消毒杀虫药水，清扫卫生死角，疏通下水道，降低蚊虫密度，切断传播途径。同时做好个人防护也是势在必行的，要避免被蚊虫叮咬，不妨在夜间睡觉的时候挂上蚊帐，露宿或夜间野外劳动时应涂抹防蚊油或者使用驱蚊药。

由于地震房屋倒塌，地面产生了裂缝，环境卫生也无法得到保障，加之地震中受伤的人很多，所以此时最容易引起破伤风、钩端螺旋体病和经土壤传播的疾病，因此对各种原因引起的皮肤破损都不应掉以轻心。在皮肤出现炎症之前，应当及时清洗伤口并缝合，如果条件允许，要注射破伤风抗毒素，提前给予有效的抗炎对症治疗，并注意破损的伤口不要与土壤直接接触，以免引发新的疾病。

随着震区的气温升高，病原微生物的繁殖也变得十分迅速，因此许多人容易患上"火眼"，即红眼病。红眼病到底是什么病呢？这种病的医学名为急性出血性结膜炎，是一种传染性很强的急性眼部疾病，一般是病毒直接进入眼部从而引起感染。红眼病传染性极强，潜伏期也比较短，一般为18~48小时，病程发展快，起病也很快，全身症状不严重，有些人有发热、咽喉炎等症状。一般情况下，病人在患病早期会有双眼发烫、烧灼、畏光、眼红的症状出现，并且眼睛有磨痛感，如同进入沙子般地疼痛，紧接着眼皮红肿、流泪、早晨起床眼皮常被分泌物黏住。有的病人结膜上会出现小出血点或出血斑，分泌脓性黏液。严重的患者可伴有头痛发热、疲劳乏力等全身症状的出现。如果你的周围出现了红眼病患者，应当避免与患者共用脸盆、毛巾等，也不要用患者使用过的水洗手、洗脸，与患者握手后注意在清洗前不要揉眼睛。如果条件允许，避免长期处于这种病毒环境中。

另外，"烂脚丫"也是震后常见的皮肤病之一。"烂脚丫"医学上称为"浸渍糜烂型皮炎"，早期症状是脚部皮肤发白、起皱、发痒、肿胀。症状发展到比较严重时，可能会出现红色疹子或小水疱，紧接着可能会出现水疱破溃、糜烂、流黄水、化脓等一系列症状。如果已经发生"烂脚丫"，可在皮肤破损处涂擦紫药水，感染化脓严重者应及时治疗，避免再下水。预防"烂脚丫"的主要方法是减少下水的时间。如果遇到万不得已的情况，可采取"间隔下水"的方式进行，并尽量避开水温高时下水。有条件的可以在下水前在脚上涂擦护肤的油脂。"烂脚丫"这种病也同样可能发生在手上。如果双手长时间浸泡在污染严重的水里，也会发生"烂手丫"，其症状和"烂脚丫"相同，这两种情况我们都要注意避免。

2011年3月，日本地震引起的核辐射污染曾一度引起了包括中国在内的周边许多国家的恐慌。"核辐射"这个词也迅速地成为人们关注的话题。由于核辐射看不见摸不着，也感觉不到，只能借用科学仪器才能让它现形，所以被称为"隐形杀手"。由于人们并不了解有关的核科学知识，也不知道具体如何判断核辐射对人的危险，更不知道要相应地做出何种措施保护自己，因此容易感到不安。鉴于此，系统地了解核辐射防护的知识，学会在核污染情况下保护自己就显得十分必要且迫切。

核辐射本质上是一种微观粒子流，常被称作放射性辐射。它是原子核从一种结构或一种能量状态转变为另一种结构或另一种能量状态时释放出来的。放射性物质有很多种，如X射线、伽马射线、中子等。日本核泄漏事故释放的放射性物质包括核燃料、裂变产物和活化产物，具体到放射性核素主要是碘、铯、锶等。

核辐射主要通过体外照射和体内照射两种方式伤害人的身体。体外照射指由放射源或辐射发生装置释放出的贯穿辐射由体外作用于人体。体内照射通常指的是放射性物质经由空气、食品或饮水等进入人体，或经皮肤、伤口沉积在体内，从而对周围组织或器官造成的照射。无论是外照射还是内照射，都会损伤到

预防核辐射

人体的细胞，当照射剂量比较高时，便会造成确定性的伤害，如各种类型的放射病、脱发、皮肤发红、溃疡、白血病、腹泻、生育障碍等。当受核照射的时间较长时，核辐射将造成另一种随机性伤害，如发生各种癌症、遗传疾病等。这类伤害根本没有数量下限，其发生的可能性与受到的照射剂量成正比。所以，我们不用将核辐射看作生死灾难一般。

事实上，在日常生活中，核辐射普遍存在，可以说每个人的衣食住行、生老病死都在与它打交道。我们家中装饰所用的石材、瓷砖、夜明珠等材料都是放射性氡气的主要来源，我们所佩戴的大部分首饰在加工制作过程中都会加入少量的钢、铬、镍等，特别是那些光彩夺目的或廉价合成的首饰制品，其成分更加复杂。又比如平常我们生病在医院所做的胸部透视等一系列的检查，都有不同程度的放射性。我们在旅行中坐飞机，也会接受到核辐射。

那么，人体平常可接受多少剂量的核辐射呢?描述辐射防护剂量的国际标准单位是"西弗"。西弗是个非常大的单位，因此通常使用毫西弗、微西弗，1毫西弗=1000微西弗。根据联合国原子辐射效应委员会的数据，每人每年可接受的辐射剂量为2.4毫西弗，我们坐10个小时飞机，便会接受0.3毫西弗的辐射，在医院接受的胸部、口腔、四肢的X射线诊断每次的辐射剂量约0.01毫西弗，做一次胸部CT相当于拍400次X光胸片，做一次全身CT扫描的辐射量就更大。在中国现在的辐射防护中，对剂量的要求是公众照射的年有效剂量为1毫西弗。所以在日常生活中，尤其是每年的健康体检中，不应该做CT检查。

如果我们处于核污染区，当我们怀疑自己可能受到放射性污染时，应去正规剂量检测站进行体表、体内污染检测。在确定受到放射性污染时，应在专业救援人员或医生指导下，根据污染放射性核素种类和受照射剂量进行对症处置。一般而言，轻度急性放射病照后几天会出现疲乏恶心、头晕失眠、食欲减退等症状，严重的时候也可能会出现呕吐的现象。中、重度急性放射病照后数小时，即可有心悸惊恐、头晕焦虑等表现，接着会出现恶心、呕吐、腹泻等反应。核辐射损伤本身是不会遗传给下一代的，但如果生殖细胞受到损害，可能会导致后代出现畸形、智力障碍等。

那么，我们离发生事故的核电站多远才是安全的呢？据研究表明，这个安全距离并非是一个恒定不变的常数。一起核事故发生之后，政府相关机构要迅速根据事故发生的级别和对实际情况的确认，然后确定出安全距离。我们应及时获得权威机构的指令，积极采取相应的防护行动。当发生核辐射事件后，我们应采取如下自我防护措施：一是隐蔽。隐蔽需选择就近的建筑物，尽量避免处在辐射烟云的下风向区域，同时关闭门窗和通风设备（包括空调、风扇等）以减少直接的外照射和污染空气的吸入。当污染空气经过后，迅速打开门窗和通风装置。二是阻挡扬尘。为了防止吸入放射性物质，应通过改变路线等方法避免扬尘的街道，适当浇湿地面也可减少扬尘。对于放射性微尘颗粒的预防，有效的措施便是经常佩戴口罩出门，口罩阻挡放射性微尘的效果可达80%~90%，但是应正确佩戴口罩，防止出现侧漏的情况。对于身体部位，可用各种日常服装，包括帽子、头巾、雨衣、手套和靴子等对体表进行防护。三是谨慎。若怀疑自己身体表面有放射性物质，那么就应该立即更换受污染的衣物，或通过洗澡的方式来减少体表污染程度。与此同时，要避免饮用水与食物的污染，应根据当地主管部门的安排决定是否食用。

对核辐射的防护措施，也应根据事故发生的不同时期及时调整。在较大量放射性物质向大气释放后的早期（1~2天内），应采取隐蔽、呼吸道防护、控制进出口通路、服用稳定性碘等防护措施。成年人推荐的碘服用量一般为100毫克，而孕妇和3~12岁的儿童服用量要比成年人少50毫克，3岁以下儿童服用量为25毫克。对碘过敏者慎用。需要注意的是，碘化钾尽可能要在怀疑受到放射性污染4小时之内服用。碘本身就是人体必需的元素，一旦进入人体后，便会沉积在甲状腺上。放射性碘进入体内也主要沉积在甲状腺，从而导致甲状腺癌等疾病。甲状腺对碘的吸收也是有一定限度的，如果提前或及时服用碘化钾，可以使甲状腺处于碘饱和状态，即使放射性碘进入了体内，也不能大量在甲状腺沉积而较快排出体外，从而保护了甲状腺。如果身边没有碘化钾，饮食上多吃胡萝卜、豆芽、西红柿、海带、卷心菜，肉类多吃瘦肉、动物肝脏，多喝绿茶，多喝蜂蜜水。另外，除了碘化钾，还可以使用普鲁士蓝、促排灵等针对不同放射性核素的药物，但是这些药物不可随便使用，都需要在医生指导下使用，随意服用很有可能导致碘超标，从而造成甲状腺肿大等疾病。事故发生的中后期阶段，已有大量的放射性物质沉积于地面，此时放射性物质还可能继续向大气释放，因此仍然需要引起人们的注意。对个人而言，除了可以考虑终止呼吸道的防护外，其他的早期防护措施可能需要继续采取。总之，核辐射并非人们所想的那样神秘，只要系统地了解它的特征，加之积极的防护措施，核辐射也就不再那么可怕了。

策　划：刘　野
责任编辑：宋巧玲
封面设计：艺　石

蓝色海洋 LANSE HAIYANG

ISBN 978-7-5534-3320-2

9 787553 433202

定价：32.00元